浙江农林大学教材建设项目（JC21032）

U0273988

中华茶艺呈现

Zhonghua
Chayi Chengxian

钟斐 主编

中国原子能出版社

图书在版编目 (CIP) 数据

中华茶艺呈现 / 钟斐主编 . — 北京：中国原子能
出版社，2022.5
　　ISBN 978-7-5221-1945-8

Ⅰ . ①中… Ⅱ . ①钟… Ⅲ . ①茶艺—中国—教材
Ⅳ . ① TS971.21

中国版本图书馆 CIP 数据核字（2022）第 074144 号

内 容 简 介

中国被称为茶的故乡，不同种类的茶，因其外形和内质的差异，往往会
选择不同的茶具，呈现出不同的冲泡方式。茶艺是一种文化，一种传承，一
种生活方式，是一种科学合理的冲泡技巧。中华茶艺呈现，不矫揉，不造作。
了解中华茶文化知识，介绍生活中常见到的茶叶，掌握最适宜的冲泡技巧，
感知中华茶礼与茶俗，探讨中华茶的国际传播，科学泡茶，健康饮茶。本教
材主要内容包括：茶艺概论、历史上的茶艺呈现、现代茶艺呈现、中华茶礼
仪、少数民族茶俗、茶艺的对外传播、茶席设计。本教材适用于茶文化相关
专业学生日常教学以及对茶感兴趣的茶友对茶艺、茶文化的初步了解和学习，
让更多的人走进茶艺的世界。

中华茶艺呈现

出版发行　　中国原子能出版社（北京市海淀区阜成路 43 号 100048）
责任编辑　　张　琳
责任校对　　冯莲凤
印　　刷　　北京亚吉飞数码科技有限公司
经　　销　　全国新华书店
开　　本　　710 mm × 1000 mm　1/16
印　　张　　12.75
字　　数　　200 千字
版　　次　　2022 年 5 月第 1 版　2022 年 5 月第 1 次印刷
书　　号　　ISBN 978-7-5221-1945-8　定　　价　　86.00 元

网　　址：http://www.aep.com.cn　　E-mail:atomep123@126.com
发行电话：010-68452845　　　　　　版权所有　侵权必究

钟斐

钟斐，香港理工大学博士，浙江农林大学讲师。中国茶艺一级技师，国家茶艺师考评员，韩国高级茶艺师，系统研习日本里千家茶道，跟随日本国风流家元研习日本茶道和花道。主要研究方向：茶文化、礼仪文化、文化旅游等。杭州 2022 年亚运会志愿者培训师、国家 CVCC 高级礼仪培训师、中共杭州市临安区委党校特邀教师、中国建设银行临安支行特邀教师、临安总工会特优师资库教师、浙江省精品视频课程主讲教师，省级一流课程（线上），多次参与浙江电视台、杭州电视台、临安电视台等节目录制，培训浙江省各地初、中、高级茶艺师百余次。多次赴韩国、日本及欧洲参加文化交流活动，获浙江农林大学"我心目中的好老师"称号，"钟斐名师工作室"称号，连续四年获得校优质教师称号。

绪论

　　任教十五年，经常会想，"茶艺"到底是什么？"茶艺"的意义是什么？纵观当下很多茶艺表演，热闹有余而茶香不足，着实遗憾。遂感慨，茶艺并不单单只是一种表演，而是运用科学合理的冲泡方式使茶叶更为好喝，它是一种综合的艺术呈现。

　　中国被称为茶的故乡，不同种类的茶，因其外形和内质的差异，往往会选择不同的茶具，呈现出不同的冲泡方式。茶，需要借助艺术的表现手法绽放其生命姿态。茶艺是一种文化，一种传承，一种生活方式，是一种科学合理的冲泡技巧。茶艺，不娇柔，不造作。所以，有必要了解中华茶艺传承知识，学习生活中常见的茶叶之冲泡方式，掌握最适宜的冲泡技巧，感知中华茶礼与茶俗，探讨中华茶的国际传播。本书从茶艺概论、历史上的茶艺呈现、现代各类茶艺呈现、中华茶礼仪、少数民族茶俗、茶艺的对外传播几方面进行论述，旨在弘扬中华茶艺，弘扬中华传统文化，以期在茶艺百花齐放的当代进一步推动中华茶艺的传承与发展，以使充满活力的中华茶艺历久弥新。

　　茶文化在本质上是围绕着茶的品鉴过程而形成的各种文化现象，茶艺、茶俗、茶礼共同构成了茶文化的基础。中华茶艺萌于晋，成于唐，兴于宋，衰于近现代而复兴于当代。起源于中国的茶艺漂洋过海，在全世界各地安了家，形成了各国独具特色的茶艺呈现。喝茶是一种生活，喝茶更是一种艺术。把日常生活艺术化，让诗情画意的生活充满仪式感，不但怡情，而且养性。

　　本书共分七章内容。第一章"茶艺概论"，探讨了茶艺的分类，给出了本书对于"茶艺"的定义，并讨论了茶艺的三大要素，最后对茶艺的择水与配具进行了阐述。第二章"历史上的茶艺呈现"，介绍了中华茶艺的形成和发展，追寻茶文化的脚步，了解中华茶艺的发展历程。第三章

"现代茶艺呈现",详细地介绍了各类茶艺的冲泡过程和技巧,是实践性比较强的一个章节。第四章"中华茶礼仪"细致地讲解了习茶的各项礼仪规范和仪容仪态。习茶就是习人,茶艺永远是以礼开始,以礼结束的,借茶行礼仪,借茶表敬意。第五章"少数民族茶俗"介绍了我国一些有代表性的民族茶俗,重在了解饮茶与生活习俗的融合,展现百花齐放、极具特色的少数民族茶俗。第六章"茶艺的对外传播",主要介绍了韩国、日本、东南亚与西亚、欧洲、非洲、美洲及其他地区茶艺,探讨中华茶艺在国外的传承与发展。第七章"茶席设计",详细阐述了茶席设计的主题、要素、原则等内容。

茶艺是一门集理论与实践于一身的课程,讲究即知即行,知行合一。茶是有自然属性的,也是有人文属性的,是随性生活中的日日小酌,也是具有仪式感的陶冶性情。茶艺不是花拳绣腿,而是以科学合理冲泡技巧为根基,以激发茶的真、香、味为目的,于行云流水间纵享片刻安宁,在一招一式中顿悟生活中的美好。在不完美的世界中感受完美,哪怕只有一盏茶的时间。

拿起,放下。泡茶的动作如此平常,又如此非凡。且莫小视这似动似静的微不足道,一起一落间历尽千年沧桑,一招一式中体味百转千回。洗去的是浮华,沉淀的是岁月。如何沏出一盏茶,于波澜不惊中感悟生命。你来,还是不来,我都在这里,执茶相待。

目 录

第一章

茶艺概论

　　"茶艺"这个概念是在 20 世纪 70 年代由中国台湾地区茶人提出的。其实茶圣陆羽先生早在唐朝时期就提出了品饮茶的方式方法,《茶经·六之饮》中说道:"茶之为饮,发乎神农氏,闻于鲁周公。"[1] 茶不但可以强身治病,还赋予生活无限的美感和审美情趣,从柴米油盐酱醋茶,到琴棋书画诗花茶,茶逐渐成为人们待客交友必不可少的高雅娱乐和社交活动之一。

　　茶的饮用已经有了几千年的历史,每个历史阶段,随着人们饮茶习惯的差异,饮茶方式也呈现出各式各样的变化。我们每天都在泡茶、喝茶,可怎样才能冲泡出一杯色香味俱佳的茶呢? 不同的茶,它的冲泡方式会有差异吗? 什么决定了茶艺呈现的独特方式? 这些问题有待我们去不断地思考。

第一节　茶艺与茶道

　　茶艺是茶道的基础,茶道是茶艺的核心内涵。中华茶艺作为中华茶文化重要的呈现方式,在宣传和推广茶文化的过程中有着不可替代的作用,是茶文化发展的重要方法和载体。

一、茶艺的概念

"茶艺"一词饱含浓郁的民族气息,相传最早是在 20 世纪 70 年代由中国台湾茶人提出来的。当时茶文化正在台湾逐渐复兴,为了区别于他国的"茶道"以中国民俗学会理事长娄子匡教授为主的茶人们选用了"茶艺"一词来表达中华茶文化的呈现方式,茶艺分为广义的茶艺和狭义的茶艺两种。广义的茶艺,即研究从栽培、生产、加工、经营、贸易、冲泡直至品饮的所有茶事活动的方法,探讨茶叶自然科学、文化学、管理学、贸易学、美学等综合学科,以达到物质和精神全面满足,是一个大茶学的概念;而狭义的茶艺指的是在茶道精神指引下,围绕茶品的源流、品质风格、人文背景等特点,在泡茶过程中融入诸多审美元素,在提倡科学饮茶的基础上,承载地方民俗、民风及独特的文化,以体现沏泡者的身心修为,是一种源于生活而高于生活,更加追求冲泡的意境和品饮的情趣,研究如何泡好一壶茶的技艺和如何享受一杯茶的艺术[2]。陈香白先生认为茶艺文化即茶文化,把茶艺定义为人类种茶、制茶、用茶的方法与程式,以茶为核心内涵,并向外不断延展,其展示内容包含种茶演示、制茶演示、品饮演示几种[3]。陈文华先生认为中华茶艺的重点是要懂得欣赏茶叶的色、香、味、形的本质及其所展现的艺术意境,可以用来祭祖、传情、联谊、示礼、养性、育德、去病养生、修身怡情、增长知识、美化生活,符合客观的科学合理性,也符合人们追求多样化视觉、味觉、嗅觉的需求,是一种专指泡茶的技艺和品茶的艺术[4]。林治先生把茶艺定义为一种有形的艺术,包括种茶、制茶、泡茶、敬茶、品茶等一系列茶事活动中的技巧和技艺[5]。蔡荣章先生亦把茶艺的范畴精确到饮茶的艺术方面[6]。丁以寿先生认为,茶艺是指备器、选水、取火、候汤、习茶的一套技艺[7]。综合多位学者对茶艺的定义,作者认为,茶艺应该和种茶、制茶、售茶等维度区分开,专注于泡茶技艺本身,是一种形式和精神相互统一的品茗文化。茶艺即饮茶艺术,是艺术的饮茶,亦是饮茶生活的艺术化,囊括了茶、水、器、火、人、环境、技艺、礼仪和品饮等艺术活动,是一种综合性的艺术,是主观的、生动的、人文的,是茶文化的重要组成部分,注重整个品茶过程的美学意境,注重修身养性,注重茶在人际间的关系,与文学、绘画、书法、音乐、陶艺、瓷艺、服装、插花、建筑等相结合构成了茶艺文化。

二、中国茶道概述

在中国几千年的茶文化历史长河中,茶道最早萌芽于晋代,兴于唐,继于宋,盛于明。20世纪80年代以来,中华茶文化重新走上了复兴之路,茶道也日益被大家所重视。

茶道是以修行得道为宗旨的饮茶艺术。茶道一词最早出现于唐代皎然的《饮茶歌·诮崔石使君》:"孰知茶道全尔真,唯有丹丘得如此。"[8]诗中不仅描写了饮茶之道,还描写了饮茶修道,通过饮茶之道来修道、悟道。同期封演的《封氏闻见记》:"因鸿渐之论润色之,于是茶道大行,王公朝士,无不饮茶。"[9]文中探讨茶之功效及煎茶、炙茶之法,造茶具二十四器,因而茶道盛行,使茶道艺术化、理论化。陆羽《茶经》中主张以茶修德,一句"精行俭德之人"强调了饮茶之人的自修内省,也呈现了当时和谐、中庸、淡泊的茶道精神。

茶界专家对于茶道的定义也是众说纷纭。吴觉农先生认为茶道是把茶视为珍贵、高尚的饮品,饮茶是一种精神上的享受,是一种修身养性的手段[10]。庄晚芳先生把茶道定义为一种通过饮茶的方式,对人们进行礼法教育、道德修养的一种仪式[11]。陈香白先生从茶道的目的和理想层面给茶道做出了定义,他认为中国茶道就是通过茶事过程引导个体在本能和理智的享受中走向完成品德修养以实现全人类和谐安乐之道[12]。周文棠先生提出,以饮茶活动为形式,通过饮茶活动获得精神感受和思想上的需求满足即为茶道[13]。罗庆江先生认为茶道是包罗了视觉艺术、行为艺术甚至音乐艺术于一身的综合艺术,是糅合中华传统文化艺术与哲理的,既源于生活又高于生活的一种修身活动,是以茶为媒介而进行的一种行为艺术,是借助茶事通向彻悟人生的一种途径[14]。总而言之,作者认为,茶道就是通过饮茶而修道,其目的在于修身养性,茶道是一种以养生修心为宗旨的饮茶艺术,一般包含茶艺、礼法、环境、修行四个要素。茶艺,即泡茶技艺,是综合性的艺术。礼法,即茶道活动中要遵循一定的礼法来进行,既符合一定的礼貌、礼节、礼仪,又遵守相应的规范和法则。礼法是在茶道过程中约定俗成的行为习惯,其目的为表达对对方的友好和尊重,既包括主人与客人之间的礼法,又包含客人与客人之间的礼仪和礼节,涉及人与人之间、人与物之间、物与物之间的规范与法度,如茶客的座位安排、敬茶顺序、行茶的动作、语言、姿态

和仪容仪表等。环境，是指茶道过程中可以通过所处的环境来陶冶和净化人们的心灵，一般分为自然环境、人造环境和特定环境（专门用来从事茶道活动的茶室）三种。清雅幽静的环境氛围有助于人们身处其中，忘却俗世，洗尽尘心，熏陶德化，得以修行。修行，是茶道的宗旨和根本目的，是指茶人通过茶事活动来怡情悦性、陶冶情操、修心悟道，最终达到修心、修身、修性、怡情和养生的目的。

三、茶艺与茶道

茶艺到茶道，其实只有一步之遥。

茶艺重点在于"艺"，是习茶的艺术，获得审美的享受。茶道依存于茶艺，以茶艺为载体，重点在于"道"，通过茶艺修心养性、参悟大道。茶艺的内涵是要小于茶道的，但茶艺的外延却又大于茶道，介于茶道与茶文化之间。茶艺可以独立于茶道而存在，是一门表演艺术，可以进行舞台呈现，而茶道则是供人修行的，不是外放的表演，而是内涵的包容。其实，无论是茶艺还是茶道，都可以表示茶艺在文化上的内涵，不需要一定要去解释它们之间的差异，但可以因为使用的场合不同而选择不同的名称表达。比如若是要强调有形的动作部分，那么使用"茶艺"来表达会更适宜；若是要强调由茶而引发的思想与美感境界，则使用"茶道"更为贴切。无论是茶艺精神还是茶道精神，都是中华茶文化的核心，只是"茶艺"会更倾向于烹茶、品茶等，而"茶道"则更倾向于茶艺呈现过程中所贯彻的精神。有道而无艺，太过空洞；有艺而无道，则太过肤浅。茶艺与茶道相结合，艺中有道，道中有艺，是物质与精神高度统一的结果。

第二节　茶艺的分类

拿起和放下，一起一落间构成了泡茶的全部过程。如此平常的动作又如此非凡，因为茶中一切皆由此而起。在一起一落间历尽千年的沧桑，在似动似静的微不足道中品味人生。洗去的是浮华，沉淀的是岁月。

手执一盏好茶,波澜不惊,岁月静好,方知生命的真谛。那么,究竟茶艺是什么? 其实茶艺就是泡好一盏茶的技艺,是一种从感官实践到精神世界的升华,是一种从口到心的历练。追求茶艺之美是人们追求生活品位的表现,因此人们越来越关注品茗空间的陈设、品茗氛围的营造、茶席的设计、茶品的品质、器具的选择等。雪夜围火炉,雨夜茶一壶,有茶的地方,就有归属感。

茶艺呈现的方式有很多种,大体来说,我们可以区分为表演型茶艺呈现和生活型茶艺呈现两大类。表演型茶艺呈现,顾名思义,运用各式各样的表演形式进行茶艺呈现,使其更具有观赏性。比如少数民族载歌载舞的茶俗表演,比如各类创新类的茶艺呈现,无不运用现代的科技技术,有渲染力的音乐和灯光的引导,进行舞台化的艺术呈现。这是一种经过艺术再加工和提炼演绎出来的茶艺呈现方式,又因为表演者与观众距离较远,因此需要通过些许夸张的艺术造型,尤其在服饰、道具、场景、音乐等方面都要求具有视觉效果和舞台艺术效果,追求艺术的美感和呈现。生活型茶艺呈现,是源自生活、再现生活的一种茶艺呈现方式,注重自然的感染力,关注茶汤品质,关注泡茶技艺,更具规范性,借茶行礼,表达彼此之间的尊重。

无论是表演型茶艺呈现还是生活型茶艺呈现,都在中华茶文化的传播中承担了艰巨的历史使命,越来越多的人因为自然而美好的茶艺呈现,走进了茶的世界,开始寻求内心的一隅安宁。

具体来说,学界对于茶艺的分类有很多种。丁以寿先生根据习茶法来划分,将中国古代茶艺分为煎茶茶艺、点茶茶艺和泡茶茶艺三种形式,其中,煎茶茶艺消失于我国南宋中期,点茶茶艺亦亡于明朝后期,目前仅有明朝中期的泡茶茶艺流传至今;根据泡茶器具来划分,将茶艺分为壶泡法和杯泡法两种,具体可细分为壶泡茶艺、盖碗泡茶艺、玻璃杯泡茶艺、功夫茶艺和民俗类茶艺五种[15]。综合当下茶艺呈现,作者以冲泡方式作为分类标准,从不同的角度对茶艺进行了分类。根据功能的不同,茶艺可分为基础茶艺和表演型茶艺;根据泡茶器具的不用,茶艺可分为壶泡茶艺、盖碗茶艺、玻璃杯茶艺和煮茶茶艺等;根据冲泡方式的不同,茶艺可分为泡茶法、点茶法、煮茶法、冷萃法;根据冲泡茶叶类型的不同,茶艺可分为绿茶茶艺、白茶茶艺、黄茶茶艺、乌龙茶茶艺、红茶茶艺、黑茶茶艺、花茶茶艺、紧压茶茶艺和再加工茶艺等;根据添加辅料的不同,茶艺可分为清饮茶艺和调饮茶艺;根据泡茶实践主体的不同,茶艺可分为宫廷茶艺、宗教茶艺、文人茶艺、民间茶艺、亲子茶艺、少儿茶艺等;根据地方民俗的不同,茶艺可分为新娘茶茶艺、客家擂茶茶艺、白族三道茶茶艺(俗)、惠安女茶艺(俗)等。茶艺的分类有很多,它们都有各自的品饮技艺和文化意蕴,在茶艺过程中流动着美的旋律,具有一定的观赏性,茶艺是饮茶和品茶的艺术呈现,独具东方传统文化的意蕴,让人以艺术的形式欣赏这拿起和放下之间的美好。

第三节　茶艺的美学特征

一、茶艺呈现的美学特征

茶艺的美学是一种客观的审美属性,不以人的主观意志为转移,同时也与事物本身所具有的审美性质有着密切的关系。茶艺美学所具有的客观美学特性主要包括:外在形象、氛围营造、简朴自然、社会功能性、丰富多元、协调统一、与时俱进、科学合理、优美动人。

1.外在形象

茶艺呈现的美学特征具体表现在其外在形象上。外在形象是具体能够引发人的思想或情感活动的形状或姿态。茶艺中的茶之色香味形、茶具的形态、品茗环境的优雅、茶人的仪态等都是茶艺呈现的形象之美,营造出茶艺呈现的艺术效果。

2.氛围营造

茶艺呈现的美学特征可通过氛围的营造来展示。茶艺呈现往往通过艺术形象的塑造营造出一种艺术氛围来烘托主题,这种熟练优美的动作、全神贯注的神态、亲切和蔼的举止、精美可爱的茶具、香飘四溢的茶香、甘醇可口的滋味、诱人心神的韵味、优美舒适的环境,无不展现出茶艺本身的形象美,具有很强的感染力,通过"异质同形"或"同质共鸣"的途径与观众的思想情感紧密联系,引导观众在品鉴过程中享受艺术美的同时产生美好的联想,追求诗意的境界,升华到茶道的哲理高度,使心灵得以净化,灵魂得以升华,从而获得良好的艺术效果。

3. 简朴自然

茶艺呈现的美学特征可围绕简朴自然的生态性来展示。茶道讲究回归自然、天人合一，在茶艺呈现中强调各个要素的自然之美、去繁从简的简朴之美，尽量减少人工的痕迹，于无形中展示其美学属性。

4. 社会功能性

茶艺呈现的美学特征具有社会功能性。社会性和自然性是和谐统一的，通过一定程度上的创新和设计，能够使茶艺具备一定的社会内容和现实或历史意义，使它的审美价值更为突显。

5. 丰富多元

茶艺呈现的美学特性是丰富多元的。美的形态有很多种，覆盖面也极为广泛，茶艺本身也因其各要素的多样性和综合性决定了茶艺呈现的丰富多元、千变万化的特性。

6. 协调统一

茶艺呈现的美学特征是协调统一的。客观世界是和谐统一的，茶艺之美也是有机统一的，都具有使人赏心悦目的特点和素质。茶艺呈现在科学泡茶的设计理念下，围绕茶席设计的各个具体要素和泡茶的基本环节开展，具有一定的协调统一性，也具有共同的思想素质和审美价值。

7. 与时俱进

茶艺呈现的美学特征是与时俱进的。美是相对的，依附于一定条件下的，并随着时间、地点和条件的变化而改变，具有一定的时代性、地域性和主观性。茶艺之美并不是一成不变的，要紧跟时代变化，与时俱进，不断创新。

8. 科学合理

茶艺呈现的美学特征是科学合理的。艺术具有真、善、美的审美功能，并融合一定的教育功能。我们在茶艺呈现中倡导科学泡茶、科学饮茶，而不仅仅是单纯地用心泡好一壶茶。科学合理是泡好一款茶的第一步。只有充分认识这款茶，并以科学泡茶的方式，选择最合适的器具、最合适的水温、最合适的投茶量、最合适的浸泡时间、最合适的冲泡手法进行冲泡,方能科学地泡出一壶茶,并在这个过程中展现茶艺的美学价值。

9. 优美动人

茶艺呈现的美学特征是优美动人的。当下的表演型茶艺呈现,越来越多地综合吸收了舞蹈、戏剧、音乐、绘画、工艺等诸多艺术门类元素,成为一种以泡茶技艺为中心,以极强的表演性和观赏性为吸引力的艺术性呈现,是一种以泡茶技艺为中心来展示生活行为的艺术魅力,人们在欣赏茶艺的过程中还可以品鉴香飘四溢的茶汤,既满足了人们审美的精神需求又享受了物质产品。这种以冲泡技艺为主要手段的程式美具有准确性、鲜明性和生动性,能够激起人们对美感的享受,满足其审美需求,达到一种高级形态的"艺术意境"的满足感,充分感受艺术意境中所蕴含的深邃悠远的审美韵味、审美意蕴和审美情趣,形成了一个以茶主人形象为主的集声、光、形、色等各种因素有机统一的综合性的舞台系统。这种舞台系统脱离了原始单纯的泡茶动作,吸收了各种艺术手段,大大地增强了茶艺呈现的艺术性,使人怡情悦性、精神得以升华,越来越被人们所喜爱。

二、茶艺呈现的美学范畴

中华茶艺呈现的美学范畴涵盖面非常广,包含哲学理念、礼仪规范、艺术表现和技术要求四个层面,使人的视觉、嗅觉、味觉、听觉都获得快感,以达到一种精神的全面满足。

1. 哲学理念

中华茶艺呈现中蕴含着丰富的哲学理念。茶艺呈现过程中的语言需要高度凝练且有具体的指向意义,因此在整个茶艺呈现过程中,茶主人会通过各种体态、泡茶技巧上的具象表达来呈现其富含的哲学意蕴,比如凤凰三点头寓意着对客人的尊重和欢迎;比如茶满七分留得三分人情在展示对客人的情谊;比如白族三道茶那一苦二甜三回味的人生哲理等。

2. 礼仪规范

中华茶艺呈现十分注重礼仪表达，其礼仪规范不仅包括茶主人的泡茶姿态和体态，还包含在整个茶席设计、布置及呈现的具体流程中。在一举手一投足间彰显高尚纯洁的中华茶文化，和我国人民热情好客、以茶会友的情谊。

3. 艺术表现

中华茶艺呈现十分注重艺术表现。茶艺的过程本身就是一种展示个性的表演艺术，每套茶艺都应该有其独特或唯一的艺术表现形式，这种差异性艺术表现形式可以在茶叶、茶器中，也可以在冲泡或其他方面[16]。中华茶艺呈现是一种综合的艺术体验和哲理感悟，其艺术表现包括形式美和意境美。形式美主要体现在得体适宜的个人体态和自然连贯的泡茶动作上，意境美则主要体现在茶艺六要素的各个细节上。比如人美，即人的气质美、行为美、心灵美；茶美，即茶叶外形俊秀品质俱佳；水美，即合适的选水和煮水技巧；器美，即泡茶用具的美观适宜；境美，即茶艺的美学空间；艺美，即茶主人的自然状态，不矫揉，不造作，专注用心，传达艺美的高度和深度。

4. 技术要求

中华茶艺呈现十分关注技术要求。科学合理的泡茶方式是茶艺的核心技术要求，只有科学地认识、了解一款茶，才能选择最适合的泡茶技艺。不同的投茶方式、投茶量、浸泡时间、水温、冲泡器具、注水方式、温壶时长、摇香速度、出汤方式、出汤速度等都会影响茶汤品质，对泡茶技术提出了比较高的要求。

中国茶艺美学属于中国古典美学范畴，有着深厚的传统文化积淀，侧重于审美主体的心灵表现，虚静气氛中的自我观照，默察幽微的体验，结合茶主人心灵深处的审美情趣，汇聚一定时代的社会风气和文艺思潮的审美规范，概括成为灿烂多姿的美学形态，具有自身独特的特性。中国茶艺美学，集意境美、典雅美、自然美、含蓄美、意蕴美、情趣美、古朴美、淡泊美、原真美、温润美、生动美、韵味美于一身，追求美善相兼，尽善尽美。

三、茶艺美学的具体表现形式

中华茶艺美学是通过具体的形态表现和体现出来的。从茶艺呈现的整体出发,茶艺美学是协调的、和谐的、个性的、多元的、清雅的、自然的、浓郁的、多变的,从具体的茶艺呈现来看,不同茶艺的特质会展现出不同的茶艺美学。比如生活型茶艺强调的是生活与艺术的契合,注重细节的呈现,突出温馨、亲和、默契、自然、自在、自如和自由。表演型茶艺大多是哲理先行,审美为重,个性突显,实用俱佳,以独有的内涵,呈现一种综合的茶艺美学。茶艺美学是一种审美,一种眼光,一种智慧,一种美感,只有在实践中不断总结、完善、提高、学习,方能自然地呈现充满生活气息和生命活力的茶艺,使儒雅含蓄与热情奔放、空灵玄妙与禅机逼人、缤纷错彩与清丽脱俗融为一体,美在其中。另外,作为茶艺呈现主体的茶主人,在呈现的过程中要专注而用心,"道法自然,崇尚简净",方能怡然自得,行云流水,恰到好处,韵味无穷。

总之,中国茶艺美学以文人主体意识为基石,是集儒释道三者于一体的产物,带领人们走进社会,深入自然,从虚静中感知和悟解审美主体。

第四节　茶艺的文化价值

中华茶艺具有重要的文化传播价值,一般表现在再现茶俗民风、弘扬中华茶艺思想、传播科学泡茶和品鉴知识三个方面。

中华茶艺可以再现茶俗民风。在茶艺创编的过程中,根据茶艺类别、茶艺文化和时代背景,采用新颖的立意主题、高雅深远的意境、感染力强的艺术表现手法,最大程度地再现各时代、各地域、各民族的茶俗民风。

中华茶艺可以弘扬中华茶艺思想。中华茶艺呈现源于生活又高于生活,蕴涵人生哲理、文化典故、民族民风和地方民俗,天人合一,和而不同。通过饮茶这个方式来亲近自然,陶冶情操,减缓疲劳,调和人际关系,营造和谐氛围,修身养性,怡情自得。

中华茶艺可以传播科学泡茶和品鉴知识。中华茶艺作为展示中华茶文化的窗口和载体,引导人们探索深奥的茶学哲理和广泛的茶文化内涵,以茶配境,以茶配器,以茶配水,以茶配艺,泡茶过程自然而规范,冲泡的茶汤色香味俱全,在展示艺术性的同时将茶文化知识贯穿其中,使观众在氤氲的茶香之中徜徉,同时通过茶艺的呈现学习了解泡好一杯茶的技艺,了解科学泡茶和品鉴知识。

中华茶艺同时兼具重要的社会教育价值,通过倡导健康、文明的生活方式规范人们的生活习惯,以礼待人,热情专注,形成良好的行为规范;通过激发人们的审美愉悦感,以茶修身养性,陶冶情操,塑造茶艺美学思想,逐渐提高生活品质,引导人们追求美好幸福的生活;通过天人合一、和而不同的茶道理念,引导人们学会换位思考,淡泊名利,知书达礼,身心健康,懂得感恩;通过以茶代酒、以茶养性等的积极影响逐渐改变、优化人们的传统饮食习俗。总之,中华茶艺的文化价值和社会教育价值均使茶艺在中华茶文化的传播过程中承担了重要的作用。

第五节　茶艺的三大要素

我们提倡科学饮茶,冲泡技艺也应该在科学合理的基础上,兼具功能性和美观性。所以我们要了解各种茶类的基础知识,懂得不同茶类的冲泡技巧、不同茶具的选搭、泡茶用水的选择和水温的控制,更要掌握好茶与水的比例以及浸泡时间等方面的要求。

毋庸置疑,茶汤的浓度和茶叶的用量、浸泡的时间、水温以及冲水量有着密切的关系。我们把投茶量、水温和浸泡时间统称为泡茶三要素,掌握了三要素,就掌握了泡好一盏茶的独门秘籍。但由于中国地大物博,各地名茶数不胜数,不可能用同一种标准来要求所有茶类,也不能用同一种冲泡方式来冲泡所有的茶类。因此,各个茶类都会大致参考冲泡三要素的标准,但这个标准一定会随着茶叶的外形、茶叶的细嫩程度、产地的小环境、采摘时间、加工工艺等方面的不同而呈现出些许的差异,这都需要我们去不断地深入了解和感受。

泡茶时水温越高,茶汤的滋味就越浓、越强,或者说茶叶里面的各种成分就比较容易析出,比如茶叶中的酚类物质和咖啡碱都需要相对高的水温才能够大量析出。相反,用较低水温来泡茶,茶叶里面的物质析出速度就会比较慢,也就是冷水泡茶慢慢浓的意思。这其实与茶叶本身的细嫩程度、叶片的大小和松紧程度都是有关系的。因为茶叶本身越细嫩,叶片越小,越松散,它的内含物质析出的速度就会越快,因此茶叶本身越成熟、叶形越紧实、叶片越大,它所需要的水温也就越高。但反过来说,泡茶时的水温也并不是越高越好。若是用高水温的水来冲泡绿茶,茶汤和叶底就会逐渐变黄,茶芽也不能直立,视觉效果大打折扣,而且因为茶叶里的多酚类物质快速析出,茶汤的口感也较为涩口。但如果泡茶水温过低,茶叶的香气成分就不易挥发,同时茶叶浮在茶汤表面不易下沉,茶叶中的有效成分也比较难析出,茶汤也会寡然无味。一般而言,茶叶本身的原料越细嫩,所需要的水温就越低;相反,原料越粗老,所需要的水温就越高。

一般而言,投茶量都会有一个大致的标准。但是,实际上的投茶量是由饮茶者的年龄、性别和喜好决定的。大致来说,中老年人因其长时间饮茶,与年轻人相比口感偏好浓郁,男性也比女性更喜欢浓郁的口感。茶多水少,味浓涩口;茶少水多,寡淡无味。

茶叶的浸泡时间比较难掌握,要看茶叶本身来确定。若是冲泡时间太短,茶汤的内含物质还没有充分析出,茶汤会寡淡无味,香气不高;但若是冲泡时间太长,茶汤里的内含物质过于浓郁,茶汤色太深,茶香也会变得淡薄,品鉴不出茶叶的真香本味。茶叶里的内含物质是不断析出的,所以茶汤的滋味会随着冲泡时间的延长而逐渐增浓。一般而言,维生素、氨基酸、茶多酚等物质会较为快速地析出。浸泡时间没有标准时间,往往是根据茶师的经验和对茶的理解来决定的。多多尝试,不断地调整总结,就会找到适宜每一款茶的浸泡时间。

一般来说,绿茶和黄茶的茶水比是1:50,也就是说,泡一杯绿茶的投茶量为2至3克,热水的用量为150毫升至160毫升,冲泡水温为80度左右,冲泡出来的茶汤,因其氨基酸、茶多酚、咖啡碱等物质需要慢慢地析出,因此浸泡一分钟左右品质最佳。一般的名优绿茶品鉴两至三道茶后便可更换茶叶。冲泡红茶的水温在90度左右比较适合,茶水比也是1:50,浸泡时间因其茶叶原料的细嫩程度而略有不同,若用盖碗进行冲泡,浸泡时间为15秒左右。一般的红茶可冲泡五至六道左右。乌龙茶在采摘时往往取其成熟叶,冲泡乌龙茶的水温需要较高,建议95度以上(白毫乌龙除外)。乌龙茶的茶水比为1∶20,是中国茶类中投茶量最大的茶类。乌龙茶的浸泡时间随投茶量的多少会略有不同,一般用紫砂壶冲泡时可浸泡40秒钟左右出汤,用盖碗冲泡时可适当缩短浸泡时间。乌龙茶有着"七泡有余香"之说,耐泡的乌龙茶甚至可以冲泡十几道,但为了保证每一道茶的茶汤浓度基本一致,浸泡时间会随着冲泡次数的增加而增加,可每道茶的浸泡时间比之前一道茶增加10至15秒钟左右。白茶、黑茶都需要沸水来冲泡,这都是因为其原料粗老所决定的。白茶、黑茶都可冲泡十几道茶甚至以上,浸泡时间比乌龙茶略短。白茶和黑茶也可煮饮。

　　投茶量、水温和浸泡时间这三个要素之间是相互作用的关系,可以相应地略作调整。比如,冲泡乌龙茶时,如果水温不够高,可以选择适当加大投茶量或适当延长浸泡时间的方法,以保证茶汤品质。掌握好这三大要素,细心揣摩,反复实践,才能充分享受到茶的芬芳和甘醇。

第六节　茶艺的择水与配具

　　水为茶之母,器为茶之父。明代许次纾在《茶疏》中提出:"精茗蕴香,借水而发,无水不可与论茶也。"[17]清代张大复也在《梅花草堂笔谈》中提及:"茶性必发于水,八分之茶,遇十分之水,茶亦十分矣;八分之水,试十分之茶,茶只八分耳。"[18]可见茶和水的关系匪浅。古往今来,人们论茶必谈水,水、器、茶、火,成了泡好一盏茶必不可少的先决条件。

　　据唐代张又新在《煎茶水记》中记载,大历元年(766年),御史李季卿在赴任湖州刺史的路上路过维扬(扬州),正逢陆羽逗留在扬州大明寺,于是寒暄之后,相邀同舟赴郡。当船到达镇江附近的扬州驿站时,由于李季卿对扬子江南零水(中冷泉)泡茶早有耳闻,又深知陆羽善于评茶和鉴水,于是请陆羽鉴评扬子江南零水。南零水(中冷泉)位于长江的漩涡中,一般只在子时和午时,用长绳吊着铜瓶或者铜壶,直探水下才能汲取。李季卿决定品尝一下"佳茗"配"美泉",于是派了一位可靠的士兵,去南零取水。少顷,军士取水而归,陆羽品尝后说:此"非南零者,似临岸之水。"军士分辩道:"怎敢虚假?"陆羽把壶中之水倒掉一半,

又尝了尝,边点头边说:"这才是南零之水!"至此军士只好从实相告。原来,因为江面风急浪大,小船又颠簸,壶里的水大半都洒出来了,士兵不想挨骂,就用江边之水加满,没想到竟然被陆羽识破了。于是李季卿请求陆羽对品尝过的水作一评价,得出"山水上,江水中,井水下"的结论。

一、茶艺中的择水

泡茶是一件简单的事,在科学合理的基础上,熟能生巧,随遇而安。但泡茶也是一件复杂的事,凡事精益求精,细致到尘埃中。就比如这泡茶之水。水是茶的载体,没有了水,茶的色、香、味、韵就无法呈现。唐朝以来,对于水的选择已经成为饮茶的重要的环节,评水和议水也一直都是爱茶人士的热门话题。自古至今,很多人对于泡茶用水极其讲究,有着特殊的要求。唐代刘伯刍把天下之水分为七等,陆羽把天下宜茶之水评为二十等,连大清的乾隆皇帝也来凑热闹,提出水的比重越轻越为上品。

古代茶人,对水的追求可谓到了极致。有人认为,择水先择"源",比如明代陈眉公在《试茶》一诗中讲到"泉从石出情更冽,茶自峰生味更圆。"他认为,泡茶之水还是以源头之水为好。也有人认为,择水先择"活",比如北宋苏东坡先生在《汲江水煎茶》一诗中讲到"活水还须活火烹,自临钓石汲深情。"宋代唐庚也在《斗茶记》中讲到"水不问江井,要之贵活"[19]。南宋胡仔在《苕溪渔隐丛话》中说道:"茶非活水,则不能发其鲜馥"[20]。明代顾元庆也在《茶谱》中写道:"山水乳泉漫流者为上"[21]。这些,都说明泡茶之水品贵在"活"。不过,这应该指的是灵动的活水,并不是指瀑布类的"湍激"之水吧。还有人认为,择水要先择"甘",比如宋代蔡襄在《茶录》一书中就有写道:"水泉不甘,能损茶味。"明代田艺蘅也在《煮泉小品》中写有"味美者曰甘泉,气芬者曰香泉"[22]。说的是泡茶之品只有味"甘",才能出"味"。有人提出择水先择"清",比如唐代陆羽在《茶经·四之器》中说的漉水囊,就是过滤水用的,以保证煎茶时所用的水均为清净之水。《茶经》中的"其山水,拣乳泉、石池漫流者上。"是指煮茶最好选用流动不急的山水。宋代大兴斗茶之风,强调茶汤以白为贵,对水质的要求更以清净为重,择水重在"山泉之清者"。明代熊明遇也说:"养水须置石子于瓮,不唯益水,而白石清泉,会心亦不在远"[23]。其实，清，也是泡茶之水最基本的要求呀。还有人认为，择水要先择"轻"，比如清代乾隆皇帝就会用一个精制的银斗，精心测量各地的泉水，按照水的比重，从轻到重，依次排队出等级，水的比重越轻品质越高。他还亲自撰写了《御制玉泉山天下第一泉记》，将京师玉泉定为天下第一泉，作为宫廷御用之水。宋徽宗赵佶编著了《大观茶论》一书，开创了中国历史上皇帝写书的先河。他认为，泡茶之水"以清轻甘洁为美"[24]，这也是宋代以前的历代茶人们对水的等级评价的综合经验。清代梁章钜也在《归田锁记》中明确指出，好的茶品，必须有好的水质相配，"山中之水，方能悟此消息"[25]。

现代茶学科学证明，水分为软水和硬水，我们把每公升钙、镁离子含量小于 8 毫克的水称之为软水，大于 8 毫克的水为硬水。也就是说，在正常情况下，只有自然界中的雪水和雨水，以及人工加工而成的纯净水和蒸馏水才称得上是软水了，其他如泉水、江水、池水、湖水或井水等则都是硬水。受大气污染的影响，现在已经没有人再用雨水或是雪水来泡茶了，纯净水成了人们泡茶用水的首选。若是用自来水泡茶，因为含有较多的氯气，会影响茶叶品质。因此最好的办法是先把自来水贮存在缸内，静置一昼夜，待氯气挥发完之后，再煮沸泡茶。

水的软、硬、清、浊影响茶汤的品质，其色泽、香气和滋味都会有不同程度的影响，冲泡水质不同，茶多酚、氨基酸、咖啡碱的浸出状况也不同。比如品质高的红茶，若是用品质好的水来冲泡，其汤色红艳，香味浓强鲜爽；若是用含铁量较高的水来冲泡，茶汤便会乌黑，铁腥气重，茶的滋味苦涩而寡淡。

古人对泡茶水温也十分讲究。水有三沸，一沸之水如鱼目，冒出如鱼目一样大小的气泡，稍有微声；二沸之水似涌泉连珠，沿着茶壶底边像涌泉那样连续不断地冒出气泡；三沸之水若腾波鼓浪，整个水面沸腾起来，似波浪翻滚一般。陆羽认为二沸的水适宜泡茶，如果"水老"，则茶汤品质茶浮水面，鲜爽味减弱；若是"水嫩"，则茶叶多浮在水面，香味减弱。

二、茶艺中的配具

器为茶之父。茶与器究竟是什么样的关系？如果我们说茶与水之间的关系是缠绵不绝，那么器是否就只是茶的依托？工欲善其事必先利

其器，是否也适用于茶与器之间？从茶诞生起，器又是如何见证它的脱胎换骨，或者说器是如何辗转其间，见证江山？这几千年的渊源，只怕是三言两语难以道尽。

相传潮州有个富翁，对于喝茶很是讲究，凡事都要求是极品。有一天，来了个模样斯文的乞丐，说：听说你家茶好，赏我一杯吧。富翁也是个善良之人，就把自己的茶汤分享给乞丐喝。乞丐喝完，咂了咂嘴说滋味不错，但茶之韵味只泡出一半，定是用新壶泡的。富翁大惊，因为的确给他说中了。乞丐表明身世，原来他以前也曾富甲一方，后来竟是因为喝茶给喝穷了。乞丐拿出一把壶请富翁泡茶试一试，果然茶香更浓滋味也更加甘醇。富翁执意要买他的壶，乞丐死也不肯，最后两个人相谈甚欢，想了一个折中的办法：把这一把壶留在富翁家里，乞丐可以天天来吃茶，真是爱壶成痴。可见茶具不仅是承载茶水的物质载体，更承载了人们的精神寄托。

中国是茶的故乡，作为世界茶叶的主产区，饮茶习俗源远流长。相传六千年前的新石器时代，北方有黍米南方有水稻，先民在生活上就已经开始讲究了，生活类陶器有鼎、盘豆、匜、碗、杯等，煮的蒸的盛菜的喝水的器具一应俱全，分类严谨，我们以为人家那时还在茹毛饮血，其实可能他们的生活按现代话来说，够自然写意，甚至用来过滤酒或是什么其他饮料的过滤器都有了。尤其长江中下游地区，水草丰美，植物繁多。据说我们的主角——茶就是那个时候出现的，相传神农氏为了寻找可以为人们治病疗伤的草药，不惜亲自在漫山遍野尝试各种野草，"神农尝百草，日遇七十二毒，得茶而解之"[26]。这里的茶，后来有很多专家考证就是古老的茶了。

从新石器时期走到现在，几千年的历史进程中，人们对茶的使用、处理是如何演进、发展的，我们可以透过茶具的演变来窥探。显然对于茶来说，茶具并不是配角，它们互为表里，随着不同的时代、不同的饮茶习俗和方式方法的变化，茶具的形制也亦步亦趋，它们一起改变，共同走过那些漫长的岁月。茶具或奢华或简朴，或巧夺天工或简陋无华，都将成为我们重新了解茶文化的关键。

茶具是饮茶活动中必不可少的器具，是茶文化的有效载体，是特定社会文化的产物，具有一定的独立性和特色性。中国古代的茶具因中华茶文化的发展和人们饮茶方式的变革而不断发生着变化，逐渐成为高雅的艺术品和世俗的生活用品的统一整体，包含着深刻的历史文化意蕴，是文人心灵的折射,亦是一种独立的文化现象。这种具象的文化符号象征系统,记录了不同时代的历史印记,反映了各个地区人们的生活样式,承载了不同地域的制度、礼俗和文化,被称为茶文化的活化石。

(一)茶具的演变

茶具,也就是饮茶所用器具的统称。"茶具"这个称呼,是从陆羽的《茶经》开始的,当时唐代时茶具是专指采制茶叶的器具,而饮茶的器具是被称为"茶器"。这种称呼一直沿用到北宋年间。到了南宋的审安老人这里,就将品饮茶叶的器具改称为"茶具",并且一直沿袭到今天。

距今八千年左右的新石器时代早期,陶器这种土与火的浪漫结合,凝聚着早期人类的审美与激情。北方的彩陶、南方的黑陶,在功能上也已经分类组合,一应俱全,分为烧煮类的釜、鼎、甑,储存类的罐、壶,储水类的壶、鬶、盉、罐、杯、过滤器,另有盛放饭菜的豆、盘、钵、碗、簋等。如果我们真的希望追根溯源的话,那么这些新石器时代的陶罐、陶钵、陶豆等器物,我们姑且把它们看成茶具的源头。

1. 商周时期的茶具

历史发展到商周时期,中国的酒文化开始泛滥起来,类似酒肉池林之类的传说倒是很多,对茶的记载却是很少的。只是零星提及巴蜀(今四川)一带是茶叶的发源地,传说巴人曾经把茶叶作为贡品献给周天子。早期,人们把茶称之为"荼",诗歌全书《诗经》中就不乏咏"荼"的诗篇,"谁谓荼苦,如甘如荠",意思是茶苦中带甜,像橄榄一样,味中有味。

2. 汉代的茶具

到了汉代,关于用茶的文献记载开始明朗一些,王褒、司马相如等都提到了茶,大约在公元前59年,蜀人王褒去成都赶考,途中住在亡友的妻子杨惠家中,杨家的小僮觉得王褒不是自己的主人,不愿听他的使唤,一气之下,王褒便向主人家买下这个小僮,并且跟他立下契约,规定童子要做什么事情,这份《僮约》虽然是一份买卖家奴的契约,却也是我国现存最早的极其宝贵的有关茶方面的文献资料,《僮约》中写有"烹茶尽具""武阳买茶",武阳在今天四川省彭山县双江镇,这意思也就是王褒要求小僮去武阳买茶,并且承担煮茶、洗茶具等一些家务活,因此人

们认为中国饮茶之风大概可以确凿定为西汉了。

3. 魏晋南北朝时期的茶具

魏晋南北朝时期，社会动荡，朝廷更换频繁，民不聊生，士族门阀制度等级森严，大家都感觉朝不保夕。在这段令人惊心动魄的时代，南北文化的冲撞，清谈之风与务实之学的此消彼长，儒释道交融并行，文化精英们既受老庄思想的影响，又受到佛教经典教义的浸润，所以我们在《世说新语》中可以看到那么多有才有识的精英奇奇怪怪的言谈举止，竹林七贤的恃才放旷、陶渊明的闲散隐居似乎都是让人欣赏的，饮酒、炼丹、喝茶并行不悖，他们相信，喝酒可以忘掉世间的烦恼，炼丹和饮茶，可以修养身心、飞升得道，南北朝道士陶景弘就在《杂录》中提及"苦茶轻身换骨，昔丹丘子、黄山君服之"[27]，这个丹丘子就是传说中因茶而得道的高人。这种背景下，饮茶在南方一带的上层阶级中渐渐流行，南方人如韦翟、刘琨、王濛、谢安、陆纳、王肃等人都很喜欢饮茶，而北方人则称之为"水厄"。何谓水厄呢，据说晋代大官王濛很爱饮茶，又很好客，经常请客人跟他一样不停品饮，客人们盛情难却又感觉吃不消，所以一听去王濛家就头疼，说又要去闹水灾了。《三国志》中有"孙浩密赐荼荈以代酒"一说，孙浩是孙权的孙子，吴国最后一个皇帝，他经常规定酒宴中每人必须要喝七升酒，不然就要被杀。文臣韦翟酒量不过三升，然而孙浩爱惜他，就偷偷让他以茶代酒。可见当时茶和酒至少在视觉上是能够混淆的。当时茶具的材质多为陶瓷，在浙江长兴陈周里遗址，就出土了商周时期原始瓷器，类似于过滤器的茶壶或者酒壶，在浙江萧山长山土墩墓中出土了不少西周原始瓷碗，呈青黄或米白釉色，大略可以作为饮器使用。

西晋文人杜育在《荈赋》中说"器择陶简，出自东隅"，东隅是今天的浙江温州一带。也就是说从东汉时候起，青瓷工艺在浙江东部一带逐渐发展起来，到晋代，浙江上虞的窑址就发展到60多座了。后来其他地区也开始出现青瓷制作了。当时烧制的青瓷典型器有青黄釉盏与托盘及汤瓶等。盏或耳盏又称杯或耳杯，为装茶或粥茶的小容器，耳盏是盏沿带有两个微向上的耳，便于手提，盏托呢，最初的实用目的是防止茶碗烫手而设计的一种新器型，又称茶船、茶拓子。唐代《资暇录·茶拓子》以及宋代的《演繁露》中有记载，传说蜀国丞相崔宁之女，因为盛茶的杯子太烫手，在下面垫了个小盘子，可惜一喝的时候，杯子又滑动，于是她巧用心思,用蜡将杯子固定在盘子中间,并且吩咐工匠以漆环代替蜡,制作出盏托的形态。不过实际上考古发现证明,盏托的出现要早得多,它是从东汉时期的托盘发展而来,汉代时一个托盘配四至六只耳盏,到魏晋时期出现一盏一托,配套使用。在晋代《列女传》图片中,我们还可以看到盏托的出现。耳盏的形制从先秦时期开始出现,至隋唐时消失,可见是这个时期的典型器物了。把茶盏放置托上,待茶煮好后直接盛入盏中,这样既美观又不烫手,同时用刻画的图案来美化器具,这也是早在新石器时代就普及的一种现象了。东晋南北朝时期,佛教盛极一时,莲花是佛教圣物。这件器物内刻一周莲瓣纹,中央用圆管戳成莲蓬状,整个图案既形象又别致,的确是佛教文化艺术与陶瓷艺术的完美结合。

当然,除了陶瓷制品,青铜器、金银器、石器、木器、竹器,在唐代以前,人们的饮茶习俗,还主要是羹饮一类,这种方式,我们称为"混煮法",既然这样,盛放茶叶混合物的器具当然也会被混用。炊器、饮器、酒具、茶具应该也会区别不大。

4.唐代的茶具

唐代是一个相当开放的历史时期,贞观之治以后,玄宗时期经济达到鼎盛。人们生活富足,饮茶风尚盛行,而且追求艺术化的品饮,饮茶方式与饮茶器具都在追求仪式感与艺术性。虽然我们能够从其他文献以及实物中有所了解,但细致入微地将唐代茶器具一一罗列,展现在我们面前的,当然首推陆羽的《茶经》。陆羽在《茶经》中,根据泡饮过程中的实际需要,在前人的基础上将有关于茶的器具分为茶具和茶器两大类,使人们能够清晰地了解到它们之间的差异。通过《茶经·二之具》我们可知,采茶所需的器具为"茶具",制作饼茶一共需要 19 种工具。而在《茶经·四之器》中开列了饮茶所需 28 种器具的名称,并称之为"茶器",详细地阐述它们的式样、结构、用途和对茶汤品质的影响,另外还论述了各地茶具的优劣和使用建议。这也是迄今为止最明确、最完整的记载。

陆羽《茶经》里的茶器,看起来虽然如此繁杂,但是实际上我们仔细拟清,发现原不过是这样六大类:焙碾器、贮盛器、烹煮器、点茶器、饮器、洁器。烹煮器有风炉、灰承、竹䇲、铁炭挝、火筴、鍑、交床等,风炉就相当于今天烧煮茶水的火炉,鍑就相当于今天煮水的大口的铁锅,以生铁铸成,内壁光滑,易于清洗,外壁粗糙且易于吸热,其他是烹煮的辅助小件。焙碾器有夹、纸囊、茶碾、拂末等,茶碾主要将茶饼碾碎,纸囊就是纸袋,是由两层白色的较厚的质量极好的上等纸粘贴而成,把炙烤好的茶叶装入纸袋中,可以防止香气的散发。贮盛器小件很多,有九件,主要有,如装茶末的罗合、茶则,盛水的水方、瓢、水盂等,还有盐罐、具例、都篮这类茶几、茶柜等摆件,饮器当然是盏或碗,点茶器有竹筴,用以点茶来搅动茶末或茶汤的。其中调味用的器具有两种,鹾竹良皿瓷制的盛盐器具,有瓶形、盒形和壶形等多种形状。"鹾"也就是盐。唐代煮茶要加盐,在止沸的同时去苦增甜,补充人体所需的盐分。量器和饮具常用的有两种,一是用海贝、牡蛎、蛤之类的贝壳充当,或是用铜、铁、竹制成匙、小箕之类,用以计量茶叶的用量。一般而言一则茶末也就是一方寸匙需要一升开水来煮制。若是茶放得过多,则味苦香沉;若是茶放得过少,则茶味过淡了。碗在古代称为"惋""碗"或"盎",专供盛茶饮用,一般用瓷制成,主要有青釉、白釉两种,民间大多用陶瓷茶碗为主。白居易《闲眠诗》云"昼日一餐茶两碗,更无所要到明朝。"不过,在唐代文人的诗文中,更多的称茶碗为"瓯"此后也有称"盏"的,如皮日休《茶瓯》吟"邢客与越人,皆能造兹器。圆如说魂堕,轻如云魄起,枣花势旋眼,苹沫香沾齿。松下时一看,支公亦如此。"描写了茶碗质地之美以及饮茶之妙,极力赞美了茶碗的珍贵和高雅。碗是人们饮茶入口的重要器具。唐代的碗与现今的略有差别,唐代的碗高足、偏身、敞口、瘦底,碗身呈斜直状。碗以瓷制,产地很多,而质地不一,对茶汤颜色的影响也就大不一样。专用于放置茶具的器具有三种。畚用白蒲草编成,可放茶碗十只。具列是用木材或竹子制成的床或架,也可制成小柜,能开启关合,并漆成黄黑色三尺长、两尺宽、六寸高,可收贮所有的茶具。都篮是用竹蔑编成的可装放所有茶具的竹篮,其作用与具列相似,但携带较具列更为方便。另外洁器也有五件,包括如漉水囊,这是煎茶前用来过滤水中杂质的,涤方和滓方是用来盛污水和渣滓的,另外还有刷子与茶巾等。清洗茶具用的器具也有两种,茶巾是一块长约二尺的粗绸布,用以擦拭各种饮茶器皿,一般是两块交替使用。札用茱萸木夹住棕丝并紧紧捆住,或用竹竿扎上棕榈皮,形如大笔,作刷子用,用以洗刷茶具。作盛水之用的器具有四种。水方用槐木、楸木、梓木、青杠木等制成,内外的缝隙用漆涂封,可盛水一斗。熟盂是一种可以盛水二升的瓷器或陶器,它一般是用作盛贮热水的。涤方以楸木板制成,制法如同水方,可存容水八升,用于洗涤茶具。滓方与涤方相似,容量小些,均可容水,主要用于盛放茶滓。

据记载,唐人饮茶先用碾子将茶饼碾成细末,放入鍑中煮沸,三沸过后,用茶勺盛入茶碗中饮用。唐时的茶碗产量非常大,种类也较多,是陶瓷茶器中重要的一类。另外,如茶则、茶炉等茶器,也因饮茶风尚的盛行而大量烧制。当然,普通民众品饮时其实不需要这样繁缛的细节,必备有茶炉、茶鍑、茶碾、茶碗等,其他器具大概看情形而用。从以上所列,我们足以看到唐代茶具的繁杂和讲究了。不过,这些都是用于正式场合的,倘若三五好友,品茗相叙,自然也不必拘泥于此,可酌情简化。正如王玲所言"用现在人的观点来看,饮一杯茶有这么复杂的器具似乎难以理解。但在古代人说,则是完成一定礼仪,使饮茶至好至精的必然过程。用器的过程,也是享受制汤、造化的过程"。陆羽当时也已指出,到野外茶地,自采随蒸随干,可以省略大部分制茶设备。在不同的场合,根据人数的多少,水方、涤方、碾、拂末、都篮等都可以依情况省略。但"城邑之中,王公之门,二十四器阙一,则茶废矣"。从这个意义上说,饮茶实乃富贵之事。上述茶具主要是指贵族文人阶层的配套碾茶、泡茶、饮茶器具,极为精致。尽管饮茶已向民间普及,但民间茶具依然比较粗糙,也不讲究配套或配套规模小。这也是茶对于贵族文人阶层和普通百姓的不同意义决定的,前者是艺术品饮,达到精神上的满足,而后者主要是满足物质需要,解渴而已。

陆羽在《茶经》中还仔细评述了唐代各大陶瓷窑系茶具的特点,以及优劣成因。《茶经·四之器》中说:"碗,越州上,鼎州次,婺州次;岳州上,寿州、洪州次。……若邢瓷类银,越瓷类玉,邢不如越一也;若邢瓷类雪,则越瓷类冰,邢不如越二也;邢瓷白而茶色丹,越瓷青而茶色绿,邢不如越三也。……越州瓷、岳瓷皆青,青则益茶。茶做白红之色,邢州瓷白,茶色红;寿州瓷黄,茶色紫;洪州瓷褐,茶色黑;悉不宜茶。"陆羽所列的这七处窑址分别在浙江越州、陕西鼎州、江西婺州、洪州,湖南岳州,安徽寿州和河北邢州。陆羽所认为的茶具的高下主要是依据釉色对于茶色来说是否相宜,而非对各窑产品在工艺上的优劣。因此,后人推断陆羽认为"越州第一、洪州第六",应该是对陆羽的误解。从瓷茶具与茶色的搭配而言,陆羽认为越窑茶具比其他茶具更适宜体现茶色之美,越州瓷、岳州瓷多为青瓷,可使茶汤更绿,邢窑的白瓷会使茶汤显红色,寿州窑的黄瓷茶具会使茶汤显紫色,洪州窑的茶具令茶汤显褐色,婺州窑青瓷使茶汤呈黑色。在唐代,科技与文化高速发展,瓷器和茶文

化都进入了蓬勃的发展时期。瓷器的发展符合了时代文化的召唤,以越窑和邢窑代表了唐代瓷器的最高成就。越州窑是我国古代著名古窑之一,也是最早烧制瓷器的古窑,烧制的瓷器品种繁多、做工精美、造型多变美观,拥有极高的艺术与技术价值,已然成为江南瓷器制造业的典范,以青瓷为典型代表。

无论从绘画、还是文献资料,都只能让我们猜想出盛唐当年的盛景。所以当法华寺地宫出土的皇宫茶具重见天日,展现在我们面前的时候,尘封千年的视觉盛宴令所有的奢华璀璨之类的词都黯然失色。如果说陆羽的《茶经》为我们展现了唐代的茶具种类与方法,但直接震撼我们感官的,还是法门寺出土的茶具。1987年4月,深藏在法门寺地下的一套唐代皇室宫廷饮茶器,随着法门寺塔基地宫的考古发掘而惊现于世,其金、银、琉璃、秘色瓷等茶器引人赞叹。这是一套世界唯一的珍宝,也是我国茶文化考古史上最齐全的一次茶器发现。而且由于这批茶器上有明确的鉴文和出土《物账碑》,能够让后人更加清晰地了解到这些绝世珍宝的来源。

法门寺地宫出土的茶具有:唐懿宗供奉的"火筋一对",唐僖宗供奉的"笼子并结条笼子两枚,分别重十六两半及八两三分。龟一枚,重二十两,盐台一副,重十二两,茶槽子、碾子、茶罗、匙子一副,七事共重八十两。调达子一对,琉璃茶碗拓子一副,供奉官杨复恭施的银白成香炉一枚并铁承,共重一百三两,鎏金鸿雁纹银则一件,鎏金人物画银坛子一个"[28]等。尤为难得的是,在鎏金飞鸿纹银则、茶罗子、长柄勺等器具上面发现刻有"五哥"两字。"五哥"是僖宗皇帝的乳名。《物账碑》记为僖宗供物,可见这些茶具原为宫廷之物,后由僖宗皇帝供奉给佛祖。这些宫廷茶具,估计连陆羽也不曾看到,因为陆羽逝世于公元804年,而据《资治通鉴》记载,这套茶具是公元873年封藏的,也就是在陆羽离世69年之后封藏的。这批茶具有金银、漆器、秘色瓷、琉璃等多种珍贵材质,其色华美,似乎只能用《华严经》中之句,"环丽犹华,互相交饰,显性为严"来形容它们的庄严宝相。

唐中期时期,茶具和茶器的内涵不同,茶和茶器之间、饮茶行为和茶器之间开始呈现出极高的标准要求,并具有高度的欣赏价值,反映在从采茶到最后的饮茶的不同阶段,形成了不同的温馨愉悦的审美过程。

唐朝时的茶具以金属、陶瓷为主,漆器茶具仍占一席之地,茶的兴盛与茶具的发展也促进了各地瓷窑的兴起,尤以烧制茶具为中心。据陆羽

《茶经》记载,当时生产瓷茶器的主要地点有越州、岳州、鼎州、婆州、寿州、洪州等,其中以浙江越瓷最为著名。此外,四川、福建等处均有著名的瓷窑,如四川大邑生产的茶碗,杜甫有诗称赞"大邑烧瓷轻且坚,扣如哀玉锦城传。君家白碗胜霜雪,急送茅斋也可怜。"当时文人品茶的同时,也对瓷质进行品评。各地瓷窑的发展又为茶具的发展提供了可能,窑工的智慧也推动了茶具的多样化,提高了茶具的审美价值。瓷器制作到唐代蜕变成熟,而跨入真正的瓷器时代。因为陶与瓷的分野,在乎质白坚硬或半透明,而最大的关键在于火烧温度。汉代虽有瓷器,但温度不高,质地脆弱只能算是原瓷,而发展到唐代,不但釉药发展成熟,火烧温度能达到摄氏一千度以上,所以我们说唐代是真正进入瓷器的时代。唐代最著名的窑为越窑与邢窑,正是以是否利茶而分。由于陆羽等人的推崇,越窑名冠诸窑之首。唐代陆龟蒙的《秘色越器诗》曰"九秋风露越窑开,奇得千峰翠色来",顾况《茶赋》亦云"舒铁如金之鼎,越泥似玉之瓯"。越窑在南方的浙江省绍兴地区,主要制造青瓷。邢窑在北方河北省邢台,主要制造白瓷。越窑是我国古代著名青瓷窑,分布在今浙江上虞、宁波、绍兴、郸县等地在内的曹娥江中下游、角江流域的宁绍平原的广大地区。从东汉时开始烧造原始瓷器,东汉晚期成熟的青瓷终于烧制成功。进入唐代,饮茶风靡全国,为了满足各阶层人士对茶具的需求,越窑步入了烧造的巅峰期。其产品胎质坚致,坯体光洁,器形更为规整,釉色青葱,晶莹润泽,青中带绿与茶青色相近,赢得了陆羽"类冰""类玉"的赞誉。唐代的茶具主要有碗、瓯、执壶、杯、罐、盏托、茶碾等。邢窑所产的白瓷,土质细润,器壁坚而薄,器型稳厚、线条流畅。越窑烧造的青瓷和邢窑烧造的白瓷,构成唐代瓷器生产"南青北白"的格局。也有用著名的唐三彩制作而成的碗盘、水器、酒器,日常饮用中并不多见。

茶具质地的不同,对茶汤、茶色和茶味产生不同的影响,并成为区分茶质的依据之一,并有苏廙《十六汤品》传世。唐代的茶具以朴素、实用为美,最初陆羽称道的青釉或黄釉瓷茶具,皆是以素面无饰博得人们喜爱的。如中国茶叶博物馆珍藏的越窑青瓷莲花盏托,由一盏一托组成,莲花"出污泥而不染"常被看作是洁身自好的象征,因此,仿莲作盏,用茶怡性,反映了古人的追求。莲花盏的造型端庄清丽,灵秀潇洒,有强烈的装饰美,给人以庄重中不失秀美之感,从而使这件青瓷茶盏更具文化品位和艺术价值。莲花盏呈淡青色,色泽调和,也符合唐时对茶的审美观。此外,河南偃师出土的唐宣宗大中元年(公元847年)穆悰墓中出土一套茶具,是唐代中下层官吏的饮茶专用茶具,其中一件,一式三件,由盏、托、盖组合而成,加"盖"是饮茶器具的一种改进。盏的内外壁均施以白釉,呈淡青色,也与唐代崇尚茶汤以"绿"为贵有关。在我国陶瓷史上,唐代是各种纹饰手法大发展时期,构图单纯,富含意境之美。长沙窑还首创釉下彩绘,突破了以往茶具的单一釉色,又为以后釉下彩瓷制作工艺开创了先河。

唐代存在着两种茶文化现象。一种是以文人、僧侣为主体的民间茶文化,一种是以皇室为主体的宫廷茶文化。这两种茶文化精神内涵也有区别。前者崇尚自然、俭朴,而后者崇尚奢华、繁复。但两种茶文化共同体现了"和""敬"精神。从唐诗中也能够体察到唐代茶文化的演变。初唐诗歌中,描述酒宴的俯拾即是,而没有发现茶事诗,说明初唐饮茶尚处在山林寺院阶段。到盛唐时期,孟浩然、王昌龄、李白、崔国辅、颜真卿、刘长卿、钱起、杜甫等人都著有茶事诗。到中唐则与日俱增,不胜枚举。凡茶的产地、采制、煮饮技艺、功效、茶集、茶会、茶宴、茶德、贡茶、名茶、名水、品茗环境与情趣等等,无不涉猎。这时期的饮茶仍属于清饮,到晚唐茶事诗的内容发生了质的变化和突破,多描述山野、泉旁、楼台亭阁、管弦伴饮。如崔迁在一首茶事爱情诗中有"明眸渐开横秋水,手拨丝簧醉心起。台前却坐推金筝,不语思量梦中事"。徐铉在《和门下殷侍郎新茶二十韵》一诗中有"亭台虚静处,风月艳阳天。自可临泉石,何妨杂管弦"等。说明这时候的饮茶已经由盛唐、中唐的清饮阶段发展到晚唐古乐伴饮阶段,茶具也由朴质发展到豪华,把品茗技艺推向高层次、高格调、高情趣的境界。

晚唐出现"点茶"雏形,都标志着唐代茶文化的博大精深。在法门寺还发现了秘色瓷碗,《茶经》并没有相关记载,是否专用茶具和何谓"秘色",有的专家认为还尚待考证。据《辞源》载,陆龟蒙曾做《秘色越器》诗"九秋风露越窑开,夺得千峰翠色来。好向中宵盛沆瀣,共嵇中散斗遗杯。"可见秘色瓷碗是唐代著名越窑烧制的,"秘色",亦即青色,即瓷器上的青色釉彩,"青则益茶"。又徐夤作《贡馀秘色茶盏》诗"捩翠融青瑞色新,陶成先得贡吾君。功剜明月染春水,轻旋薄冰盛绿云。古镜破苔当席上,嫩荷涵露别江濆。中山竹叶醅初发,多病那堪中十分。"说明秘色瓷专供朝廷。从诗中还可以看到秘色茶盏的精美与珍贵,它的工艺极为高超,是由"捩翠融青"而制模,经巧剜、轻旋而成,此器如"明月染春水",似"薄冰盛绿云"。摆在桌上,犹如"古镜破苔",又如"嫩荷涵露",极具观赏价值。用它盛茶汤喝下,更有神奇功效,即便饮了千日醉和竹叶青而烂醉,仍可散酒气。

5. 宋代的茶具

宋代品饮茶的方式讲究优雅和艺术性。色香味中,首先视觉冲击最强的,就是颜色了。点茶是一幅什么样的画面呢,就像是我们现在咖啡拉花一样,茶末打得浓厚,再在上面以特殊手法显出图案来,可以典雅如宋代工笔画或者浪漫如西方抽象画。如果说唐代的煮饮茶具要求得细,那跟口感有关系,这样的点茶斗茶游戏虽然也跟口感视觉有关,却多少让人感觉有点游戏般的作态,并且大家关心的重点是美。但18世纪西方美学大家康德明确告诉我们,无利害之作用才谓审美,宋代这一场审美活动,就像一场绮丽的梦,由皇宫做起,弥漫整个民间。直到被成吉思汗带领的金戈铁马的铁骑声音踏破,这一场点茶的迷梦才渐渐散去。

宋代文人把目光集中于茶艺本身,将碾茶煮水和点茶看作是顶重要之事,堪称茶之核心,相比较而言,茶叶的采制用具逐渐被冷落,而茶盏、茶筅、汤瓶和茶碾子受到了文人雅客们的关注,频繁地出现在诗词书画当中。宋徽宗赵佶的《大观茶论》对点茶之法作了详细论述,以"碾茶""罗茶""候汤""熁盏""点茶"为基本过程的点茶法成为宋人主导的品饮方式,直到元代,武夷山茶园逐步取代了北苑贡茶的地位,瀹茶法逐渐在民间兴起,宋代点茶器具才逐渐淡出人们视野,这一场风花雪月的游戏结束了。

总体而言,宋代的茶具相对于唐代来说要简单些,但在数量和种类上并不比唐代少,且宋代点茶对茶具提出了更高的要求,促进了宋代茶具的发展。因为"斗茶"是更加艺术化的饮茶方式,茶具直接影响茶汤,直接影响斗茶的结果,且斗茶不仅是斗茶汤,也是对茶具的一次品评。后来,宋代的全套茶具以"茶亚圣"卢仝的名字命名,称作"玉川先生"。计有烘茶炉、木茶桶、盏茶碾、石磨、茶葫芦、茶罗、棕帚、茶碗、陶杯、茶壶、竹笑、茶巾十二种。

由于宋代的社会由前朝的外向投射型转为内省型,豪气冲天的气概不复再现,消极颓丧的情绪笼罩全国,人们为宣泄内心的苦闷,表现争强好胜的心理,就把视线投向了茗饮。上至帝王将相,下至市井小民,无不以斗茶为能事,尤其是文人学士之流,更是乐此不疲。颇具特色的斗茶成风,既体现了达官贵人对品茶艺术的刻意追求,又迫使茶具制作朝着顺应这股潮流的方向发展。黑釉瓷器的登峰造极,就是从建盏的粉墨登场开始的,"黑釉盏"也成为宋代最具特色的茶具。

宋代茶盏非常讲究陶瓷的成色,尤其追求"盏"的质地、纹路细腻和厚薄均匀。《茶录》说"茶色白,宜黑盏,建安所造者绀黑,纹如兔毫,其坯微厚,熁之久热难冷,最为要用。出他处者,或薄或色紫,皆不及也。其青白盏,斗试自不用。"可以看出,如盛白叶茶,就选用黑色茶盏,说明当时已经注意到茶具的搭配关系,搭配的目的就是为了有更好的茶色与茶香。因此,茶盏以产于建州今福建建阳的"建盏"为上品。建盏通体施黑釉,呈紫黑色,故又名"乌泥建""紫建"。斗茶时,建盏的黑釉与雪白的汤色相映,黑白分明,水痕明显,很容易区分出茶的优劣来。而且,建盏的形状犹如一顶翻转的斗笠,盏口面大,可以容纳更多的汤花盏壁较厚,利于保持茶汤的温度,这也是它备受青睐的缘由。再者看"熁火",熁音协,含烫意。这里"熁火"指茶杯中热气的散发程度。明清时期,江苏的宝应、高邮一带把"熁火"称为"烫手"。建安"绀黑盏"比其他地区产品要厚,所以捧在手中有"久热难冷"的好处,被看作是宋代茶盏一流产品。此外,当时评赏茶盏的质量,还有茶盏表面的细纹,建安的绀黑茶盏已经精致到"纹路兔毫"的地步,足见陶艺水平很高,所以建盏还是一种难得的艺术珍品。建盏在烧制过程中,盏体上会形成一种美丽异常的花纹,有的细密如兔毛,被称为"兔毫斑",有的花纹如鹤鸪颈项上的云状、块状花斑,被称作"鹤鸪斑"。这些花纹在光线的照射下,会闪烁出点点光辉,五彩纷呈。由于这类花纹是在窑变中偶然产生的,为数不多,因而就弥足珍贵。这时,人们崇尚建窑黑釉茶盏,是与当时"斗茶"风靡全国分不开的。衡量斗茶的胜负,一看茶面汤茶色泽和均匀程度,二看盏的内沿与汤花相接处有无水的痕迹。宋代斗茶,先注汤调匀,再加初沸的水点注,茶汤表面泛起一层白色的泡沫。先斗色,以色白为贵,又以青色胜黄白;其次斗水痕,以茶汤先在茶盏周围沾染一圈,有水痕者为负。这就要求茶具是黑色的,建窑的兔毫盏便由此声名鹊起。建盏受到斗茶者欢迎还有另外一个重要原因是其造型及容量,有利于观察斗试的胜负。建盏的底径和口径比例相差较大,为斗竖形,盏壁斜直,斗茶时出现的汤花容易吸尽汤和茶末。宋代文人雅士斗茶、品茶时,用名贵的贡茶,配建窑黑色兔毫茶盏,同其色胜似雪乳的茶汤形成鲜明对比,为品茶、斗茶增添美感的情趣。苏轼的"来试点茶三昧手,勿惊午盏兔毛斑"和黄庭坚"兔褐金丝宝碗,松风蟹眼新汤"等都对宋代这一极富有特色的茶具都作了生动的描写。

不过,虽然宋代点茶崇尚用黑釉盏,但在不同地区、不同时代,也有不同。南宋初年程大昌《演繁露》说今御前赐茶皆不用建盏,宫廷中用的是正白色釉的瓷器,应该是定窑白瓷。苏轼《次韵蒋颖叔、钱穆父从驾景灵宫》诗曰"病贪赐茗浮铜叶"也说明了这一情况。

建窑黑釉盏的盛行,也带动了各地黑釉的生产,如江西的吉州窑、河北的定窑等。其中吉州窑的"鹤鸪斑"是最为名贵的品种之一,可与建窑"兔毫盏"齐名,为时人争购,为后人珍藏。受当时社会上的侈靡之风影响,宋朝茶具走向了一个极端,变得非常讲究,同唐朝的质朴相反,违背了茶圣陆羽的初衷。人们不但在乎茶具的功用、外观和造型,而且更看重其质地,由前朝的陶或瓷,发展为玉、金、银或漆器,并相沿成风,日趋奢侈。

陕西扶风法门寺出土的金银茶具极力渲染了唐皇室的奢侈,但从总体的历史进程看,唐宋以来,铜和陶瓷茶具逐渐代替古老的金、银、玉制茶具,是历史主流,原因主要是唐宋时期,整个社会兴起一股家用铜瓷、不重金玉的风气。据《宋稗类钞》说"唐宋间,不贵金玉而贵铜磁瓷",铜茶具相对金玉来说,价格更便宜,煮水性能好。陶瓷茶具盛茶又能保持香气,所以容易推广,又受大众喜爱。这种从金属茶具到陶瓷茶具的变化,也从侧面反映出唐宋以来,人们文化观、价值观以及对生活用品实用性的取向有了转折性的改变。

唐宋以来,陶瓷茶具明显取代过去的金属、玉制茶具,这与唐宋陶瓷工艺生产的发展直接有关。一般来说,我国魏晋南北朝时期瓷器生产开始出现飞跃发展,隋唐以来我国瓷器生产进入一个繁荣阶段。宋代的制瓷工艺技术更是独具风格,名窑辈出。而宋代对茶具的要求直接刺激了茶具的生产,刺激窑场的发展。全国各地的窑场林立,生产的茶具数量惊人。宋代除建窑外,全国著名的窑口还有官窑、哥窑、定窑、汝窑、钧窑五大名窑。建窑窑址位于福建建安县水吉镇的后井、池中村一带。建盏瓷胎为乌泥色,釉面或呈条状结晶,或呈鹤斑状,按其釉面斑点的特点分类,釉面上有两个白毫般高点者称为"兔毫盏";釉面有大小斑点相串,阳光下呈彩斑者称"耀变盏";釉面隐有银色小圆点,如水面油滴者称"油滴盏"。官窑,位于五大名窑之首。北宋政和年间,京都自置窑烧造瓷器,名为"官窑"。但北宋官窑的窑址,至今还没有确定,文献记载也很少。从一些传世品看,被认为是北宋官窑的瓷器的胎质是紫黑色的,施釉很厚,莹润如堆脂,粉青或天青色,开稀疏的大纹片。施釉后略有流淌,口部等釉薄的地方隐约露出胎色。因此,紫口是北宋官窑一大特点,裹足支烧、器底有芝麻钉痕迹是另一大特点。官窑以釉色为美,没有纹饰,立器只有凹下或凸起的弦纹或边楞。器型种类较少,除了盘、葵口洗以外,多仿古青铜器的造型,如长颈瓶、贯耳瓶、贯耳尊、兽耳炉等。北宋南渡后,有邵成章设后苑,名为"邵局",并仿北宋遗法,置窑于修内司造青器,名为"内窑"。南宋官窑瓷器的胎质呈深灰、灰褐、灰黄等色。胎有薄厚两种,即胎厚釉薄的和胎薄釉厚的。釉厚的瓷片从断面可看出施釉痕迹,一层一层很清晰。釉质温润似玉,也有比较光亮的。釉色有粉青、天青、灰青等,开比较细碎的纹片。南宋官窑既有裹足支烧的,也有垫烧的,器底大而薄的往往采用支烧与垫烧共用的方法来保证质量。

宋代哥窑窑址位于浙江西南部龙泉县境内,是龙泉窑的重要组成部分。哥窑创烧于五代,全盛于南宋,以专烧青瓷而闻名。哥瓷胎质非常坚密,呈深紫灰色、灰色或土黄色,釉色较多,有粉青、翠青、灰青、米黄等,以灰青为主,粉青最为名贵。施釉较薄,温润似玉,器表有一层不很亮的酥油光,并有较大的黑色及较小的黄色开片,俗称"金丝铁线",黑灰胎有"铁骨"之称。以纹片为装饰,大纹片呈黑色,小纺片呈黄色,大小相间者,称为"文武片",有细眼状者称"鱼子纹",似冰裂状的称为"白坂碎"。还有蟹爪纹、鳝鱼纹、牛毛纹等多种。这种因釉原料在烧造过程中收缩系数不同而形成的纹形,自然美观,深受人们的欢迎,因此成为一种别具风格的装饰艺术。哥窑的另一特点就是器脚露胎,胎骨如铁,口部釉隐现紫色,因而享有"紫口铁足"的美称。哥窑瓷器既有支烧的,也有垫圈烧的。

定窑窑址在今河北曲阳涧磁村,定窑创烧于唐,以烧造白釉瓷为主,兼烧黑、酱、绿釉等瓷器。五代时曲阳涧磁已盛产白瓷,官府曾在此设官收瓷器税,到北宋时达到极盛。定窑采用一种特殊覆烧技术来烧造瓷器。定窑产品胎薄釉润,造型优美,花纹繁复,器皿装饰多用刻花、印花的手法。北宋后期,定窑还曾为官府烧造瓷器,器具底部常常刻有"官"或"新官"等款识,纹饰以龙凤纹为主。定窑除烧白釉瓷器外,还烧黑釉、酱釉和绿釉等品种,称为"黑定""紫定"和"绿定",产品以罐、瓶、盆者居多。到元朝初期,定窑全面停烧。

汝窑窑址位于河南省宝丰县,宋代隶属汝州,故简称汝窑。原系烧制印花、刻花青瓷的民窑,到北宋晚期,朝廷令汝窑烧制供御青瓷,又称"汝官窑"。其烧造时间不长,仅从宋哲宗到宋徽宗烧造了20年左右。汝窑瓷器胎均为灰白色,深浅有别,与燃烧后的香灰相似,故俗称"香灰胎",这是鉴定汝窑瓷器的要点之一。汝窑青瓷以釉色釉质见长,基本色调是一种淡淡的天青色,被瓷界称为"葱绿色",俗称"鸭蛋壳青色"。汝窑釉层不厚,随造型的转折变化,呈现浓淡深浅的层次变化,少见花纹装饰。

钧窑始见于北宋,终于元,是北宋至金时著名的瓷窑,以河南禹县为中心,窑址遍及县内各地,是青瓷系统中比较独特的一支。作为北宋晚期的青瓷窑场,钧窑虽属北方青瓷系列,但它的釉色却变化多端,且在烧造技术上独辟蹊径,利用氧化铜、氧化铁的呈色各异的原理,烧成了蓝中带红或蓝中带紫的色釉,改变了单色釉瓷的历史,这是陶瓷史上的一个大突破,一改青瓷独步前朝的局面,为后世的瓷器装饰扩大了领域。钧窑最主要的特征是在釉面常常出现不规则的流动状的细线,被后人称为"蚯蚓走泥纹"。最著名的品种是高温铜红乳浊釉,即在天蓝或月白色釉上烧出大小不一、形状各异的玫瑰紫或海棠红色,有的还交织着蓝、灰、褐、鳝鱼黄等颜色的斑点或丝缕,如傍晚天空中的彩霞变幻莫测,美不胜收。

宋代还有不少民窑,如乌泥窑、余杭窑、续窑等生产的瓷器也非常精美可观。这一时期,长江下游的宜兴紫砂茶具也开始萌芽。苏东坡在宜兴任职时,对紫砂陶情有独钟,酷爱提梁壶,至今被称为"东坡提梁"。用紫砂作茶具始见于北宋欧阳修的《和梅公仪尝建茶》诗"喜见紫瓯吟且酌,羡君潇洒有余清。"浙江龙泉窑出品的茶具,则以清奇淡雅、古风淳朴的碎裂纹,达到一种视觉上的风韵逸品通灵感。它们的出现,适应了人们对茶具艺术多式样、高品位的要求。这种淡雅质朴的茶具韵味与宋代士大夫退隐、遁世的政治感伤情绪相通,符合他们的审美趣味,把茶、茶具的内涵、风格、形式、色彩与一种精神情趣融为一体。

6. 元代的茶具

元代,无论是茶的加工制作还是饮茶方式都出现了新的变革,紧压茶不再独霸天下,条形散茶(即芽茶和叶茶)开始兴起,越来越多地使用直接将散茶用沸水冲泡饮用的方法,传统的末茶煮饮法和点茶法逐渐退出历史舞台,相应地,一些新兴茶具逐步出现,开启了一个上承唐宋、下

启明清的过渡时期。

元代茶文化和茶具的发展也体现了承上启下的特色。由于元代时间上的短暂和政治社会上的动荡,元代并没有形成独具时代特色的饮茶方法,因此其茶具除了晚期出现几种新的瓷器品种外,仍保持着南宋时期的特色。但这个时候,饮茶已成为各民族和各阶层的一种共同的嗜好,而元朝社会的民族大融合,受不同民族和传统习俗的影响,使这个时候的茶具和文化一样显示出多样性。在陶瓷史上,元代也是一个承上启下的重要时期。元代的对外联系和交往随着其版图的扩大而大大增强,陶瓷出口大大增加,也促进了陶瓷茶具的生产。因此,元代入主中原91年,瓷业虽较宋代为衰落,但也有新的发展。原金代北方地区的瓷窑,如定窑、磁州窑、钧窑等,以及南宋时的龙泉窑、景德镇窑等,仍继续生产。中期以后,江西景德镇青花瓷异峰突起,闻名于世。代表时代特色的青花瓷、高温颜色釉瓷等技术成熟,如青花和釉里红的兴起,彩瓷大量流行,白瓷成为瓷器的主流,釉色白里泛青,带动以后明清两代的瓷器发展,得到很高的成就。元代陶瓷茶具的装饰性日益增强,也对明代彩绘茶具的发展产生一定的影响。

在元代饮茶用的瓷质茶具花式品种之中,景德镇窑和龙泉窑烧制的主要有执壶、杯罐、盏、盏托、碗等,茶盏依然是元代的代表性茶具。茶壶的变化主要在于壶的流子嘴,宋代的流子多在肩部,而元代移至腹部。蒙古人喜欢饮酒,执壶常常被当成酒具,杯、盏、大碗等器具,也是混用的,既是饮茶的器具,也是喝酒的器具或食具。与其豪爽性格相适应,草原上的民族器具用铁器较多,类型和样式都较简单。

7. 明代的茶具

明代对茶具品种而言是一次定型。小壶的出现打破了历史常规,进入了人们的视野。茶壶的式样也很多。茶壶按主泡器流的长短,有长流壶、中流壶、短流壶和无流壶之分。明代各位精工巧匠、能人大师们开始了对茶具精益求精的追求,无论是江西景德镇的白瓷、青花瓷茶具,还是江苏宜兴的紫砂茶具,皆获得了巨大的发展,从色泽到造型,从品种到式样,无不巧夺天工,精致至极。青花瓷器的彩色成因,是由于釉料中含有钴矿物元素,经高温煅烧所致。明代紫砂壶名家辈出,最早的紫砂壶,就是出自明代的供春壶。

因为茶品由团茶改为散茶,饮茶器具也渐趋简单,原来饼茶点碾时用的一些器具随之被淘汰。贮藏用的茶叶罐、泡茶叶的壶、沏茶水的碗、盏、杯就构成全套的饮茶用具了。明代朱权《茶谱》记载的全套茶具为炉、磨、灶、碾、罗、架、匙、筅、瓯、瓶。风格上仍沿袭元代,明早期的景德镇烧造的瓷茶具的造型、釉色、文饰与装饰手法都承袭元代的风格。经过三四十年的发展,从永乐时期开始,明代瓷器一改宋、元时期的釉色单一,而是富于色彩、独树一帜,在制瓷史上占有特殊地位,并影响到清朝,形成了自己的特色。

明代贵重的茶盏主要有"白定窑"的产品,白定即指白色定瓷窑。在定州,窑瓷茶盏上有素凸花、划花、印花、牡丹、萱草、飞凤等花式,又分红、白两种。因定州瓷色白,故称"粉定",亦称"白定"。尽管白定窑茶盏色白光滑滋润,但是在明朝白定窑茶盏始终是作为"藏为玩器,不宜日用"。为什么这样一种外表美观的茶盏不能作为日用品呢?原因很简单,古人饮茶时,要"点茶"而饮,点茶前先要用热水烫盏使盏变热,如果盏冷而不热的话,泡出来的茶色不浮,因此也影响到茶色和茶味。而白定茶盏的缺点是"热则易损",即见热易破裂,可谓是好看不好用,所以被明人作为精品玩物收藏。明代的白瓷茶具具有很高的艺术成就,尤以永乐、宣德时期的"甜白"最为珍贵。从"碗"的变迁来看,唐代茶碗重古朴,而宋代由于斗茶的出现,以茶花沫饽较品质高低,需要碗色与茶色和谐或形成鲜明对比,所以重瓷器色泽。而明清以后,茶之种类日益增多,茶汤色泽不一,壶重便利、典雅或朴拙、奇巧,碗则争妍斗彩,百花齐放。明代还给茶盏加盖,定型为一盏、一托、一盖的形状。茶壶,唐宋时称为"注子""执壶",但只是用来煎水煮茶,用茶壶沏泡茶汤品饮,多在明代正德以后。由于饮茶习俗的变化,从用专门的器具烧水沏茶,过渡到用壶泡茶,并逐步发展为人手一壶饮茶的习惯,促进了茶壶制作的发展。明代茶道艺术越来越精,对泡茶、观茶色、酌盏、烫壶更有讲究,要达到这样高的要求,茶具也必然要改革创新。明代中期以后,瓷器茶壶和紫砂茶具兴起,茶汤与茶具色泽不再有直接的对比与衬托关系。人们饮茶注意力转移到茶汤的韵味上来,主要侧重"香"和"味"。明朝茶壶开始看重砂壶,就是一种新的茶艺追求。因为砂壶泡茶不吸茶香,茶色不损,所以砂壶被视为佳品。据《长物志》载"茶壶以砂者为上,盖既不夺香,又无热汤气。"

明代对壶与碗的要求,更为精美、别致,出现各种新奇造型。由于中国瓷器到明代有一个高度发展,壶具不但造型美,花色、质地、釉彩、窑品高下也更为讲究，茶器向简而精的方向发展。而壶与碗的变迁，最明显地表现了饮茶方式的变迁，从明代开始，"茶具"主要指饮茶之器。而且明人饮用的芽条，与现代炒青绿茶相似，因此配套茶具基本定型。"器具精洁，茶愈为之生色。若今时姑苏之锡注，时大彬之砂壶，汴梁之汤铫，湘竹妃之茶灶，宣成窑之茶盏，高人词客、贤士大夫，莫不为之珍重。即唐宋以来，茶具之精，未必有如斯之雅致"。明代茶壶的出现和迅速发展，使得茶盏和茶壶相得益彰，自此以后成为茶饮生活中须臾不可离的最基本单位。

8.清代的茶具

清朝年间，六大茶类初步形成，六大茶类虽各具特色，但都属于条形散茶，所以，无论哪种茶类，饮用时仍然沿用明代的直接冲泡法。在这种情况下，清代的茶具在种类和形式上基本上没有突破明人的规范。

清代的茶盏、茶壶，通常是陶质或瓷质，以康乾时期最为繁荣，以"景瓷宜陶"最为出色。清时的茶盏，以康熙、雍正、乾隆时盛行的盖碗最负盛名。这是一种在唐代即已产生，在清代京师流行的独特的高雅茶具。这种茶具一式三件，由盖、碗、托三部分组成。盖呈碟形，有高圈足作提手碗大口小底，有低圈足托为中心下陷的一个浅盘，其下陷部位正好与碗底相吻。盖碗茶又称"三才一碗"，三才者，天、地、人也。茶盖在上，谓之"天"，茶托在下，谓之"地"，茶碗居中，是为"人"。一幅茶具便寄寓一个小宇宙，蕴含着"天盖之，地载之，人育之"之理，体现了"和"的最高境界，是自然美学、社会美学和伦理美学的统一。老北京大家贵族、宫室皇廷，乃至以后许多高档茶馆，皆重盖碗茶。盖碗茶具的花式很多，有的茶碗连同茶托为十二式，也有的十二碗就有十二托，计有二十四式。茶碗上通常绘有山水花鸟，碗内会有避和图。茶托也有圆形、荷叶形、元宝形等多种。由于北京天气寒冷，要求茶具能保温，所以盖碗茶在北京应运而生，问世以后便风行不衰。明代受到宫廷和上层人物喜爱的"马蹄盖碗"在康熙年间经过改良，成为现代普遍使用的盖碗样式，到乾隆年间流传开来，成为深受各阶层人士喜爱的茶具。后来盖碗茶具传到全国各地，尤以四川为盛，现在四川茶馆即以"盖碗茶"闻名，和长嘴铜壶配合使用，加上茶博士的精湛茶艺，成为成都和重庆的特色文化。

此外，自清代开始，福州的脱胎漆茶具、四川的竹编茶具、海南的椰子、贝壳等茶具也开始出现,自成一格,逗人喜爱,终使清代茶具异彩纷呈,形成了这一时期茶具新的重要特色。清代宫廷饮食依旧保持其皇家气派,饮食器具也以奢华著称,超过前世,茶具多为金银玉石,且有专门工匠制作,十分精美且富丽堂皇。《清稗类钞》记载孝钦后时"宫中茗碗,以黄金为托,白玉为碗",饮茶时"喜以金银花少许入之",这也说明花茶在这时已经较为普及。

明清清茶讲究精工细作,注重装饰,茶具上的文化气息也愈来愈浓厚。清代,茶具的制作更是进入了色彩纷呈、空前绝后的时期。制作茶具的主要材料,陶制茶具和瓷制茶具则进一步发展,形成了闻名世界的景德镇瓷器和宜兴紫砂陶器两大系列。清朝中国瓷器可谓登峰造极。数千年的经验,雍正斗彩"三友图"瓷壶加上景德镇的天然原料,清代专门设置了督陶官进行管理,加上清朝初年的康熙、雍正、乾隆三代,政治安定,经济繁荣,皇帝重视,瓷器的成就也非常卓越。而皇帝的爱好与提倡,使得清初的瓷器制作技术高超,装饰精细华美,成就不凡,书写了悠久的中国陶瓷史上最光耀灿烂的篇章。

清代的陶瓷茶具,名目繁多,其造型、釉彩、纹样、形制及装饰风格等都各有特点。陶瓷生产,除以景德镇的官窑为中心外,各地民窑都极为昌盛兴隆,并得到很大的成就,尤其西风渐进,陶瓷外销,西洋原料及技术的传入,受到外来影响,使陶瓷业更为丰富而多彩多姿。在釉彩方面,清代的瓷工瓷匠们精心探索,突破明代釉中以红、蓝、黄、绿、绛、紫等几种含量饱和的原色为主的范围,创造了各种带中性的间色釉,达几十种之多,使得瓷绘艺术更能发挥出其独特的装饰特点。作为彩绘器发展的基础,清代的白釉器质量很高,可以纯熟地烧造出牙白、鱼肚白、虾肉白等浓淡不一的器皿,这就为彩釉器的飞速发展打下坚实的基础。红釉从明代的鲜红、郎窑红发展到朱红、柿红、枣红、橘红、胭脂水、美人醉、海棠红等新品种,青釉则从仿唐宋名品中的秘色天青、冬青、豆青等,到新创出了豆绿、果绿、孔雀绿、子母绿、粉绿、西湖水、蟹甲等多种品种,黄釉一类又新创了淡黄、鳝鱼黄及低温吹黄等色。此外在蓝釉、紫釉等方面也很有成就。但由于对产量的追求和仿制成风,画院追求工细纤巧,虽有惊人之作,但少创意而多匠气。

雍正时期以粉彩最有成就,其主要特征是用色柔和淡雅,比例精细工整,故又称"软彩",采用白粉扑底,成立体状再加色彩,并染成浓淡明暗层次,清新透彻,温润平实,深具工笔花鸟之意味及浓厚的装饰性。乾

隆时期继承前清二朝风气,产生不少秀丽精巧作品,而后则不惜资本,追求创意,综合各种工艺技法,运用在陶瓷之上,仿其他各种素材的产品也很多。在彩绘上最大的成就就是珐琅彩,最早采用进口的颜料烧制,所以也称"洋彩"。珐琅彩所用的材料,色泽晶莹,质地凝厚,用作装饰,花纹有微凸堆之感。景德镇瓷胎运到宫廷,命画院画工加以彩绘,多属内廷秘玩,所以装饰画法极为精细,追求华美艳丽,颇具宫廷气息,加上宫中的内府"古月轩"作款式,成为有名的古月轩瓷。

清代瓷器还大量使用加金抹银的各式装饰手法,或吸收脱胎漆茶具的做法,创制戗金、炙金、描金、泥金、抹金、抹银等种类,这些新技术、新品种的使用,使得茶具生产更为丰富多彩。一直延传至今的"织金",就是用金线沟边再填彩,相当具有特色,采用景德白胚在广州加彩出口。此外,福建省德化白瓷,莹白而带透明感,生产佛像相当有名。清代中期,外销陶瓷发展出来的广彩,艳丽照人。而山东博山的黑瓷,是北方农家流行的生活用品。高超的工艺为清代瓷茶具增加了欣赏性,而器上的铭文与绘画,则大大增加了茶具的艺术性和人文性。茶具上的纹饰深受同时期绘画的影响,民窑瓷器,写意写实并存,用笔豪放。御用官窑瓷器,图案趋向规范化,用笔细致入微,构图拘泥、繁复。早期纹饰中的山水、树木多采用斧劈簸,并加镀点,古装仕女高髻秀丽,柔细的花绘采用没骨画法。晚期纹饰中的人物面部无神,鼻部隆大,这一时期龙纹形态不一,既有方头大额、正肃苍劲的,也有纤柔细身的,一般为狮子头,龙发较多,龙角明显突出,两只角立体感强,龙身粗笨,一般画为四爪和五爪,如同鸡爪。同时还受到西方绘画艺术的影响,因而在瓷器上出现了具有西方绘画风格特点的花纹图案。如在珐琅彩瓷器和部分出口瓷器上,时常可以看到一些西洋人物,以及楼房、船和狗之类的花纹图案。这样,茶人在饮茶之余,还可吟古诗,赏名画。所以清人的饮茶品茗,不仅是一种自娱自乐或社交的手段,还是一种包涵丰富文化意味的艺术实践活动。

承接明代的良好势头,紫砂茶具的发展在清代达到了巅峰,具体而言,是在清初至中期的康熙、雍正和乾隆三朝。清代紫砂茶具的市场较前朝扩大,各阶层的审美情趣和要求各异,造成这一时期紫砂壶的风格也有所不同。具体地说紫砂壶在清代已经形成泾渭分明的三种风格。一是传统的文人审美情趣风格,讲究砂壶的内在气质、单纯朴素的风貌。二是富丽豪华、明艳精巧的市民情趣,或在紫砂壶面上用石绿、石青、红、黄、黑等色绘制出山水、人物、花鸟，或对壶施以各种明艳的釉色，或嵌金镶银等。三是为贸易需要而开发形成的外销风格，如包金银边，加制金银提梁等。

宜兴紫砂壶的兴盛最能体现茶具与文人的关系了。明代，尤其是晚明至清初，是社会矛盾极为复杂的时期。本来，明初的文人在茶艺中就追求自然，崇尚古朴，但主要是契合大自然而回归山水之间。明末，社会矛盾继续加深，许多思想家觅求解决社会矛盾的方法而不可得。社会问题难以解决，文人们开始从自己的思想上寻求自我完善和自我解脱，只好从那个一壶一饮中寻找寄托。所以在茶艺上，一方面仍崇尚自然、古朴，而同时又增加了唯美情绪，无论对茶茗、水品，还是茶器、茶寮，皆求美韵，不容一丝一毫败笔。但这种美韵又不是娇艳华美，而要求童心逸美。这些思想深刻影响晚明茶艺，特别是制壶艺术。文人的天地愈小，愈想从一具一器中体现自己的"心"。从一壶一器中，一品一饮中寻找自己平朴、自然、神逸、崇定的境界。清代后期，太湖之滨兴起了一种新工艺，将紫砂与锡相结合，即在紫砂壶的外层包上锡皮，并在锡皮上刻字画。壶底仍是紫砂，多数刻上题款或盖上印章，也有用锡片剪成各式各样的图形，贴在紫砂壶上。茶宜锡，适用而不侈，包锡紫砂壶是对锡茶壶的一大改进。

9. 现代的茶具

现代饮茶器具，不但种类和品种繁多，而且质地和形状多样，以用途来分，有藏茶的、煮水的、泡茶的、辅助的等；以质地来分，有金属的、瓷制的、紫砂的、陶制的、玻璃的、竹制的、漆器的等。茶具按主泡器分为碗、壶、盖碗、杯等。特别值得一提的是"潮汕工夫茶四宝"——玉书煨、潮汕炉、孟臣罐、若琛瓯。精细的白色瓷杯若琛瓯，薄胎洁白，浅小薄白，只有半个乒乓球大小，美其名为"白玉令"。

随着人们饮茶习惯的不断革新，茶具加工工艺的不断精进，以及人们审美水平的不断提升，茶具从单纯的满足功能性变为了集功能性、美观性于一身的器具，同时还会彰显主人的生活情调及品质。茶具的演变也是人类发展史的一个强有力的印证和诠释。

现代茶具，广义上指与饮茶有关的所有器具，主要可以分为四类主泡器，一是主要的泡茶用具，如壶、盅、杯、盘等辅泡器；二是泡茶的辅助用具，如茶荷、茶巾、渣匙、茶拂等备水器；三是提供泡茶用水的器具，如煮水器、热水瓶等储存器;四是存放茶叶的罐子。不过,现代人指的"茶具",是狭义上的茶具,即主泡器,也就是茶杯、茶碗、茶壶、茶盏、茶碟、托盘等。现代茶具按照饮茶习俗和式样不同,又可以分为功夫茶壶、大壶、盖碗、茶碗和同心杯,还有专门用于鉴赏的评鉴杯。按照材料不同,主要有陶土茶具、瓷器茶具、漆器茶具、玻璃茶具、金属茶具和竹木茶具等几大类,20世纪五六十年代还曾经流行搪瓷茶具。一般来说,现在通行的各类茶具中以瓷器茶具、陶器茶具最好,玻璃茶具次之,搪瓷茶具再次之,特别是宜兴紫砂用来沏茶最好。

中国茶具的出现和发展,经历了一个从无到有,从共用到专用,从粗陋到精巧的过程。在唐代和以后的各个时代,饮茶用具不仅丰富多彩,且独具时代特点。也因此,作为茶文化的一部分,当茶饮、茶艺用具的艺术风格延续了一个阶段后,随着朝代结束,人们的生活习惯和文化审美倾向的转变,一种或几种类型特色的茶具也发生很大的变化或随之终结,不能不说是一种遗憾。但是,饮茶作为一种物质生活消费的方式和一种文化消费对象,随着人们精神价值取向的变化,却一次又一次反复出现在茶艺活动中。故而人们的审美情趣和每个时代的审美共识的标准,必然对茶具的审美趣味与视觉标准产生潜移默化的影响。

饮茶是一种艺术品饮行为,在文人心目中,饮酒是一种俗世的举动,而茶是超脱俗世的,所以茶具比酒具更具艺术性。陶瓷品一直是文人收藏的对象,但对茶具的讴歌,甚至亲自设计茶具,皇帝则把茶具作为赐品,这些都是其他陶瓷品无法企及的。可以说,是文人赋予茶具以浓厚的文化气息,而茶具对文人来说,也不仅仅是简单的器具,而是与自己的思想生活紧密相连。用什么样的茶具喝什么样的茶,就成了区分文人与俗人的重要标准。中国的传统文化是极讲究个人品质和修养的,由于文化具有特殊的规范作用,物以类聚,人以群分,有钱而附庸风雅的地主阶层虽有价值连城的茶具,亦无法混迹于士大夫阶层。

总的来说,唐代茶具崇尚古朴典雅,宋代茶具则以富丽堂皇为特色,元代以后,不再煎煮,改以冲泡,又大大精简了茶具种类,明代呈现出一种返璞归真的趋向,而敦厚质朴是清代茶具的最大特色,明清以来茶具种类大大增加,并呈现人文化、艺术化的倾向,终使中国的茶具成为实用性和艺术性的统一体,成为古今中外珍藏家趋之若鹜的艺术珍品。而普通人家往往也在案几之间摆上一套别致的茶具,无客时是艺术品的陈列摆设,有客来则沏上一壶好茶,列杯分茗,相聚而品,其情怡然,其乐陶陶。

（二）茶具的选搭

好马配好鞍，好茶需好器。水、火、茶、器相互配合，缺一不可。饮茶，不仅解渴，还极具风雅。茶具选配，是一门学问。不同的饮茶区域、不同的饮茶人群及不同的茶类，对冲泡茶具亦有着不同的要求。

1. 选配茶具要因茶制宜

好茶好器，相映生辉。茶人讲究品饮艺术，注重品茶之韵，崇尚高雅意蕴，强调茶器相宜。选择茶具，一要考虑实用性，二要考虑观赏性，三要有利于茶性的发挥。一般说，饮用花茶，为有利于香气的保持，可用盖碗泡茶，因为拱形的盖可以很好地聚拢香气，同时隐去叶形不甚美观的缺点。泡饮大宗红茶和绿茶时，应重于味而轻于形，选用带盖的壶、杯或盏冲泡更为适宜。饮用乌龙茶重在"啜饮"，宜使用紫砂茶具泡茶，因其杯小、香浓、汤热，故饮后杯中仍有余香。泡饮红茶，以白瓷盖碗或白瓷壶做主泡器，白瓷品茗杯为主饮器最为合适。若是冲泡例如西湖龙井、黄山毛峰和碧螺春等名优绿茶，为了更好地欣赏其优美的外形，满足我们的视觉美；感受极高的香气，满足我们的嗅觉美；品尝美好的滋味，满足我们的味觉美，大都选用玻璃杯茶具进行冲泡。因此西湖龙井茶一般采用敞口透明矮筒型玻璃杯冲泡，而普通绿茶则可用盖碗冲泡，艺术（扎束）型茶冲泡应选高筒杯。用玻璃茶具沏泡名优绿茶时，要求杯子壁薄、底厚、口大为宜。红茶汤色明艳，用白瓷杯冲泡，茶汤更为明艳诱人。功夫红茶用双杯法（壶和杯）结合冲泡更佳。普通红茶可用壶和白瓷杯冲泡。花茶常用盖碗冲泡，北方地区习惯于用双杯法冲泡。此外，添加茶也用盖碗冲泡。乌龙茶、普洱茶冲泡，水温要高，通常选用紫砂壶泡（潮汕地区用盖碗）。壶泡法泡乌龙茶、普洱茶时，壶的大小，要与杯的多少相结合。

2. 选配茶具要因具制宜

玻璃茶具是冲泡绿茶的首选，在20世纪被广泛地应用。普通绿茶冲泡，有"老茶壶泡，嫩茶杯泡"之说，这是指瓷质茶壶而言的。紫砂茶具以陶土为原料制成，保温性好，透气性强，适宜冲泡紧实型的乌龙茶。紫砂茶具还具有泡茶不易走味、不易变馊的特点。用盖碗冲泡花茶，一是有利于保香,二是有利于撇茶。而带滤网的茶具,特别适宜于冲泡红碎茶。白瓷茶具有"白如玉,明如镜,薄如纸,声如磬"之誉,特别适合冲泡红茶。历史上的煮茶用具,大多采用锡质紫铜合金制作而成。

3.选配茶具要因地制宜

比如冲泡红茶,南方人喜欢用白瓷杯,北方人喜欢使用白瓷茶壶来冲泡,再把茶汤分至白瓷小盏中,共享一壶茶,其乐融融。至于少数民族地区喝茶,饮茶器具更是异彩纷呈。

4.选配茶具要因人制宜

如体力劳动者饮茶重在解渴,饮杯宜大。脑力劳动饮茶,重在精神和物质双重享受,讲究饮杯的质地和样式。男士与女士相比,前者重在饮具的情趣,后者要求的是秀丽。至于兄弟民族饮茶,茶具式样更是奇特,使人有耳目一新之感。

第二章

历史上的茶艺呈现

　　我们都知道，中国是世界上最早发现茶树、栽培茶树、使用茶叶的国家，茶文化集中国的儒、释、道精神为一体，是中国传统文化的窗口。我们常说，开门七件事，"柴米油盐酱醋茶"，饮茶在中国是非常普遍的。当人们的物质生活基本得以满足的时候，人们对于精神层面上的追求也就逐步凸显，茶便从生活层面上升至精神层面，成为"琴棋书画诗花茶"，奠定了茶为国饮的基石。

第一节　中华茶文化的起源

　　据记载，茶树起源于六七千万年前的中生代时期，被人们发现以及利用，也有着四五千年的历史了。相传茶的发现，与神农有着莫大的关系。《神农本草经》称："神农尝百草，一日遇七十二毒，得茶而解之"，讲的也就是神农发现并利用茶的故事了。

　　神农是谁呢？我们叫他炎帝，他也是最早发现和利用茶的人。相传神农牛头人身，肚子还是透明的，这样就可以一目了然地验证草木的药性，知道哪些草药能吃，哪些不能吃，用于给百姓治病，常在河边走哪能不湿鞋呢，一天，他尝了一味剧毒叫做断肠草，之后便舌头发麻，头晕脑涨。这个时候，一阵凉风吹过，带着丝丝缕缕的清香，有几片鲜嫩的树叶冉冉落下，神农信手拾起，放入口中嚼而食之，顿时觉得神清气爽，浑身

舒畅,诸毒豁然而解,就这样,神农发现了茶。所以茶叶最早是做药用的。直到现在,纳西族人民依然用茶来治感冒,喝上一杯茶与酒结合的"龙虎斗",周身出汗,睡一觉后头就不晕了,浑身有力,感冒也就好了。

到了汉代,饮茶已经成为一种文人的生活习惯。《僮约》记载:"武阳买茶、烹茶尽具",就是茶被饮用的史证,也说明我国最早有记载的茶叶交易市场和单独的茶具是在西汉时期就出现了。《三国志》中有以茶代酒的故事,晋代《中兴书》中有以茶示俭的故事,南梁《谢安王饷米等启》中有以茶为礼的故事,杜育的《荈赋》有咏茶赋诗的浪漫。茶,在历史发展的脉络中,早已不只是一片叶子,一味饮料,它更成为一种文化,一种生活习惯,一种礼仪,一种寄托。

在西周时期,茶叶是一种祭品,到了春秋时代,人们开始把茶叶作为菜食,进而到了战国时期,茶叶已然作为一味治病的良药,而在西汉时期,茶叶已是主要的商品之一了。我国的佛教非常盛行,特别是在南北朝时期,茶可以提神醒脑,因此僧人们便利用茶来解除坐禅时的瞌睡,便在寺院庙旁的山谷间种植了茶树。茶与禅相互促进、相互发展,这也便是历史上有名的"茶佛一味"了。茶叶作为民间普及的大众饮料是在唐朝时期,那时政府颁布了禁酒令,嗜酒而不得饮的人们便纷纷把目光集中到了茶身上,以茶代酒,在唐时蔚然成风,也同时促进了饮茶风气的传播。唐代以前的饮茶是粗放式的。到了唐代,饮茶方式发生了非常大的变化,因为一个人,改变了一件事。此人,便是茶圣陆羽。陆羽撰写了《茶经》,把饮茶方式改变为细煎慢品,率先在历史上吹响了中国茶文化的号角。此后,茶的精神便在宫廷和民间社会中推广开来,从中国的诗词、绘画、书法、艺术、宗教和医学中都可见一斑。宋人非常讲究,追求细节,在唐人饮茶方式的基础上,把茶末碾得极其细腻,这样便可直接盛放在茶盏里,用开水冲泡,之后再以茶筅充分搅拌使之融合,而不再需要把茶末放在鍑中煎煮了,一改煮茶法为点茶法。明清时代的饮茶,无论是在茶叶类型上,还是在饮用方法上,都异于以往。明代朱元璋罢团改散,以散茶直接冲泡的方式,成为盛行明、清两代并流传至今的主要饮茶方式。古往今来,无论是从茶叶的种植方面、物质文化方面,还是有关茶的精神文化方面,中国茶文化都在向人诉说其广博和繁盛,在文化传承的历史脉络中扮演了十分重要的角色。

唐宋年间佛教盛行,周边各国都到我国来学习佛法,学成之后,也就自然而然地把饮茶方式带回了国,茶叶就这样在全世界各地安了家。随着社会的不断发展和进步,人们的生活质量越来越高,对于茶叶的消费也开始呈多元化和向健康饮茶发展。科学饮茶,健康生活,修身养性,陶冶情操,茶满足了人们的物质享受和精神享受,成为生活中必不可少的珍品。

第二节　从吃茶到喝茶

之前我们了解到,早在神农时期,机缘巧合之下,茶及其药用价值就已经被发现。古代人们食茶,把茶叶直接放入嘴中含嚼,以汲取茶叶的茶汁,逐渐,人们开始习惯含嚼茶叶。该阶段可以说是茶之为饮的前奏。山民们习惯性边走山路边顺手两片叶子,几枝花朵,几颗野果,送入嘴中咀嚼。在这种下意识的小动作中,人们发现了各种可食植物,并慢慢地驯化为人工栽培。茶叶的演进大抵也是如此。

相传神农一日邀请朋友们到家中做客,探讨最近发现的一些草药的功效,宾客落座后,小童各煮了一碗水放至宾客面前,宾客饮用后都觉得此水异常好喝,神农也很奇怪,便问小童,才得知因小童煮水时偷懒,没有把煮水的盖子盖上,搬运草药时不小心把一丛茶掉入了锅中,由此改变了水的味道。这样一个美丽的错误,却让人们发现,原来把茶放至锅中煮沸,可以让水变得更好喝。从此,茶从药用演变为生活中的饮品。这是茶作为饮料的开端。

当然,药食同源,茶叶从药用发展为饮用的同时,也作为一味食材,与饭菜调和一起食用。现在云南基诺族依然会食用凉拌茶,此时,用茶的目的,一是增加营养,二是作为食物解毒。虽然茶叶的品饮方式有所进步,人们开始注意到茶汤的调味,并且开始运用适当的烹煮技,但茶依然既可入菜,又可煮饮。

到了秦汉时期,人们不是单纯地食用原始的茶叶叶片了,而是开始简单地对茶叶进行加工制造。人们用木棒把茶叶鲜叶捣成饼状,晒干或者烘干后,方便保存。煮饮时,先把茶饼捣碎再放入壶中,倒入开水,然后加入葱、姜、桔子等调味。茶的社会功能又有所进步,除了满足自身的药用和饮用功能以外,开始以待客之品登上历史舞台。

魏晋南北朝时期的人们是怎么用茶的呢？晋人孙楚在他的诗《出歌》中说"姜桂茶荈出巴蜀"，似乎作为调味来归类的，今天的四川两湖等地的油茶，仍然是加入油葱姜花生等很多食材，成为家庭食用和待客的佳品。张揖在《广雅》中写道："荆巴间采茶做饼，成以米膏出之，若饮先炙令赤色，捣末置瓷器中，以汤浇覆之"。当时的人们在加工过程中，为了使茶叶更好地凝固，放入了米膏之类的食物，饮用时，先把茶饼烤热，呈赤红色，然后将其捣成粉末状，放置在一个瓷器中，用热水冲泡，还可以加一些调味品。这种调制出来的饮料人们称为粥茶，据说汉代至南朝期间，人们都好饮粥茶，粥茶里面有时加入葱姜枣桂皮之类的。有个小故事，说晋代有个卖粥茶的老婆婆，终日提壶卖茶，壶中茶却不减，还把卖茶所得之钱都分给了穷人，官吏认为这肯定是邪魔外道，因此就把她抓了起来。当天晚上，老婆婆就拎着她卖茶的器具，从牢房的窗口飞走了。这故事，一方面让我们感觉当时人觉得粥茶是好东西，另一方面，老婆婆的茶具是个聚宝盆一样的宝物啊，仙人物件，飞升的时候还没忘记拎着茶具。

隋唐时，茶叶多加工成饼茶。饮用时，加调味品烹煮汤饮。同时，出现了专门烹煮茶叶的器具，论茶之专著也已出现。不得不提的是，茶圣陆羽撰写的《茶经》，开创了茶道的先河，对茶和水的选择、茶的品饮、煮制方式、饮茶环境以及茶的品质都有着非常详细的描述。这是我国茶叶文化的一大飞跃。

宋代碾茶的方式出现改变，随之，饮茶的方式也为之不同。宋代茶叶多制成团茶或饼茶，饮用时碾碎，我们称之为点茶。点茶法最大的区别在于，因为茶末足够细腻，因此不需要再把茶末倒入镀中煮饮，而是可以直接放入茶盏中，用执壶把水烧开之后注入，再用茶筅以击拂，便可产生细腻丰富的沫饽，直接品饮即可。各种调料比如食盐等，都不再加入茶中调饮，只注重茶叶本来的真香本味。同时，还出现了用蒸青法制成的散茶，虽没有成为主流，但也逐渐对后世产生了影响。饮茶方式日趋化繁从简，传统的煮饮茶的方式，正逐渐被更为方便的饮茶方式所替代。

明朝的皇帝朱元璋一拍脑袋，进行了一场革命，革了建盏的命，传承给了紫砂壶。俚语里讲的"吃茶去"，其实那真真正正的是吃茶叶，"吃"更多的是偏固态的东西，并非什么书面用语，是将茶叶碾碎了，用热水冲着吃，用茶筅击拂可以使水和茶充分融合。而"喝茶"，更多的都是指的液态状的物体,把茶叶放在容器里,用热水冲着喝,茶依然是茶,而这水就变成茶汤了。茶的出现,让水的味道更好喝。这一场革命,改变了制茶的工艺,也改变了茶的命运,茶从煮饮逐渐转变为泡饮了。茶叶冲以开水,然后细品缓啜,更能够领略茶天然之色香味品性。茶,正式告别了"吃茶"时代,大刀阔斧地进入了"饮茶"和"品茶"时代,挥别食品形态,摇身一变,以饮品的形式隆重地登上了历史舞台。

明清之后,随着茶类的不断增加,品茶方法也日臻完善而讲究。出现了六大茶类,品饮方式也随茶类不同而有很大变化。

茶叶自从开始被人们使用,在历史的长河中经历了各种形态和变化。从咀嚼鲜叶到混煮羹饮,从蒸青做饼到炒青散茶,最终发展成为六大茶类,中间经历了漫长的过程。茶叶的发展史和人类的发展史休戚相关,伴随着加工工艺的进步和发展,茶叶的加工技术每每出现变革和提升,饮茶方式也都会随之演变。从吃茶到品茶——纵观历史上饮茶方式的演变,其实归纳起来就是一个由简入繁,又从繁出简的过程。我们所谓的由简入繁,指的是制茶工艺的日趋完善,从最简单、最直接的食用鲜叶,到茶叶加工制作技艺不断深入,不断提升;而这从繁出简,则指的是茶叶的品饮方式日趋简化,从混添各种调味料的混煮羹饮,到逐步减少配料,慢慢饮用清茶,人们越来越追求茶叶本身的味道。可以这样理解,当茶叶的加工工艺不能够满足人们品饮需求的时候,相对复杂的饮茶方式可以帮助我们获取更多的内涵物质;而当制茶工艺提升到一定程度的时候,茶叶的饮用方式也就可以简单起来了。

第三节　唐代茶艺呈现

东方人特有灵性,吃茶竟吃出一门茶道来,且风靡全国,成为独树一帜的文化艺能,可称得上是东方文化的瑰宝,吴觉农先生把茶视作一种珍贵高尚的饮料。饮茶不仅是精神上的愉悦,更是一种艺术手段或是修身养性的方式之一。周作人先生曾经把"忙里偷闲,苦中作乐,在不完全的现实享受一点美与和谐,在刹那间体会永久"作为他的座右铭,这种象征文化里的代表艺术就是茶艺了。茶艺是一种文化艺能，是茶和文化的完美结合，是修生和教化的最佳手段。饮茶可以同时达到物质上和精神上的双重享受和满足。茶艺是品出来的。中国茶文化萌芽于隋朝，成型于唐朝，而鼎盛于宋明。陆羽创立了中国茶道，茶饮从生活中分离出来，作为一种高雅艺术享受，讲究气氛和谐完美的活动方式，首先为文人所接受，于是争相讴歌茶事。文人对茶的偏爱使得饮茶和探究茶品之风气大盛。茶逐步登上了大雅之堂，从一片叶子的自然属性转而拥有了可遗传的文化基因。

唐朝，疆域辽阔，广结四方，大唐民众大概都有着思接宇宙的豪情与气概吧。不然，怎么会产生"黄河之水天上来"那样的豪迈与深情，怎么会有春江潮水连海平那样的从容优美与辽阔。四海升平，民众不是像魏晋南北朝那样在兵荒马乱中彷徨，政治的安稳与经济的繁荣，催生了文化的自信。在魏晋时期，士族的饮茶，多多少少带着想徜徉世外或者能飞升天际的迷离梦想。到了这繁花似锦的唐代盛世，饮茶，就如锦上添花一般，人们是想将这世间的美好做得更透彻一些。所以，我们看到，中国的茶道从魏晋走到唐代，正如一朵含苞的牡丹，在春风拂槛露华浓的时候，袅袅娜娜地绽放了。

大唐的繁盛决定了茶艺的万众瞩目。说得更具体一些，大体有三个方面的原因。第一，跟魏晋一样，与佛教有关，唐代的佛教与寺庙的规模更加庞大了。自从佛教禅宗分为南北宗，南宗六祖慧能开山立派，教导教徒打坐参禅、明心见性，静坐诵经中难免困顿，唯清茶解乏，因此佛家向来青睐。当时大画家阎立本的《萧翼赚兰亭图》画面就是儒生与和尚在一起饮茶的场景；第二，与唐代的科举也颇有关联，科举始于隋朝，至唐代时制度完备起来，从此与魏晋士族门阀等级森严不同了，民间有才有识的年轻人开始有可能有途径通过读书、考试、选拔进入官场，获得社会的话语权。开科取士那几天的时间比较长，数日不得进出，不管是考试的举子还是考官们这几天都非常疲惫，朝廷因此会派人专门送茶去考场给各位举子和考官，所以当时的茶又称为"麒麟草"。第三，也是最重要一点，朝廷的看重，皇帝经常作为赏赐，赐茶饼给寺庙高僧或者有功大臣以及外来使臣。宫廷内经常举行茶宴，著名的《宫乐图》就是宫女们在一起饮茶赏乐的场景。上行下效，当时的"王公朝士无不饮者"。而文人们饮酒是为助兴，饮茶则是为修身，杜甫曾经非常享受这样的意境，"落日平台上，春风啜茗时"。当时社会如此盛况，文人嗜茶，僧人嗜茶,道士饮茶,军人饮茶,甚至"田间之问,嗜好尤切"。魏晋时期还只是南方人爱茶,到唐代时,渐渐影响了北方。唐代封演在《封氏见闻记》中写道:"渐至京邑,城市多开店铺,煎茶卖之,不问道俗,投钱取饮"。茶摒弃了一切身份地位的差异,成为当时举国瞩目的嗜好。

如此大量的需求,也就需要大范围的供给。我们来看看当时唐代茶叶的种植与饮用的规模。唐代茶叶种植在当时全国覆盖面积非常之广,据《茶经》记载,当时茶叶产区共分为42州,东到福建建瓯、闽溪,南到五岭以南两广、云贵地区,西到陕西安康,北到淮河两岸的光山。因为南北气候相差悬殊,茶叶的品类也大相径庭,不过当时人们经过品评,产生了不少名茶。据《五代》毛文锡所著的《茶谱》记载,当时名茶有剑南的蒙顶石花,有湖州的顾渚紫笋,有东川的神泉小团,还有昌明的兽目茶,亦有峡州的碧涧明月等。

连西北的少数民族也开始进行茶马交易了。如此庞大规模的饮茶风尚必然会产生巨大的经济效益,唐建中元年(780年)九月,茶叶交易正式拥有了户口,朝廷并始征收茶税,并且成为朝廷财政的一项非常重要的来源。

这个时候,出现了一位划时代的人物,茶圣陆羽。古人将那些有巨大影响力和卓越贡献的人称为圣人,那么陆羽是如何当起茶圣这个称号的呢？陆羽,唐僖宗时期人,生平约在公元733—804年之间,字鸿渐,名疾,湖北天门人,自小在寺庙长大,聪颖过人,但不愿出家,十几二十岁又在江湖中游荡,其间又识得字,学识见闻都有了。僧侣的习茶、社会的好茶,自身的倾心,大略都是陆羽著书的原因与契机。安史之乱以后,陆羽在吴兴就是今天的湖州一带定居下来,大约于765到775年这十年间完成世界上第一部茶学专著《茶经》。五年后,此书正式发行。茶经小而精,涵盖范围极其广泛,分上、中、下三卷共十个部分。这本书的主要内容和结构有:一之源;二之具;三之造;四之器;五之煮;六之饮;七之事;八之出;九之略;十之图。总的来说,就是对茶的起源、栽培、加工、烹煮、品饮以及历史文化等多种人文与自然因素做了深入细致的研究,茶学因此成为一门专门的综合性学问,真是自从陆羽生人间,人间相学事春茶。

西方有句谚语,上帝居于细节。意思就是不要小看事物的微小和细枝末节,所有的微言大义与世间规则礼数就存在这里面了,端看你如何去体察。庄晚芳先生对茶道有着独到的见解,他认为,"茶道是一种文化艺能,是茶事与文化的完美结合,是修养和教化的手段"。也正是有了这样的理想,通过茶具和手法体现出来,饮茶才渐渐成为精神上的追求,艺术上的享受,中国茶道在此时已经法相初具。

大唐是中华民族的鼎盛时期。大唐皇帝在六迎佛骨时,曾将一套价值无与伦比的宫廷茶具奉献给法门佛祖,证明唐代佛门禅茶已经非常兴旺。这批稀世珍宝终于在1987年4月3日这一日重见天日,震惊了全世界。茶叶这片小小的叶子飞入了皇宫内院,亦走入了寻常百姓家,无论是在对茶艺内涵的解读方面,还是在对茶艺呈现的操作方面,均已趋于成熟,形成了风格各异、各具特色的饮茶之道。我们常说:唐煮、宋点、明冲泡,指的就是泡茶技艺随着茶叶加工工艺的变革而不断发展变化的进程。唐代宗教茶艺也可以说成是修行类茶艺流派,以皎然、卢仝为代表,是通过饮茶得道。这里的"道"指的便是修内,无论是隐居修行还是苦心修行,抑或是参禅修行,都是借由茶探求内心所行,万物皆空罢了。茶从寺院走上街头,引发了全国性的饮茶热潮。茶是清雅的、宁静的、和谐的、自由的、超脱的、俭德的。通过茶来进行修行和感悟,从人的生理和心理上升为心灵顿悟,在清静的环境中,品茶之滋味,思茶之百态,得茶之神韵。唐代阎立本先生的《萧翼赚兰亭图》中,左侧就是两位茶童在煮茶的动作。唐代文人茶艺,通过对江南文人士大夫为主的全国茶区的饮茶方式,进行创造性的总结加工而设计出来的茶道程序,因而彰显着浓郁的文人气息。唐代茶艺一改以往混煮羹饮的饮茶方式,去除茶叶里面添加的各种调味品,仅加入少量的食盐,改煮茶为煎茶,同时关注茶汤品质,对影响茶汤品质各方面的因素开始逐一识别和细化,例如不同的水质、水不同的沸水程度、茶盏的不同材质及产地差异等。唐代饮用饼茶烹茶程序十分烦琐,大体来说,要将一盏茶送入腹中,得经过三个步骤:第一步,是对饼茶进行再加工,要经历炙、碾、罗三道工序。煮饮之前,要把茶饼先在火上烤一下,称之为"炙茶"。这让我想起了生花生米和炒熟了的花生米之间的差别,哪个更香呢?当然是炒过的花生米更香。显然,炙茶有助于提升茶叶的香气。炙茶时火功要恰到好处。待茶饼水汽蒸发完毕,就要把茶叶碾成茶末,要碾得不粗、不细、呈米粒状,我们称之为"碾茶"。这个碾与现在的药碾子相似,茶碾一般是木质,当然也有用黄金和铁来制造的,规格都较小。茶末要迅速筛罗。把过了筛的茶末放入罗合内,也就是现在的茶叶罐了。接下来是煮茶,分为烧水和煮茶两道工序。陆羽对煎茶用水极为讲究,他提出"山水上、江水中、井水下"的区分，使人们开始关注不同水质对茶汤品质的影响。水也有三沸。一沸之水，"沸如鱼目，微微有声"，水底浮起像鱼眼、蟹眼一样的小泡泡，这时在鍑里加入适当的盐，一是止沸，二是调味。二沸之水，"边缘如涌泉连珠"，水底涌起像泉眼一样的大泡泡。此时从鍑里舀出一瓢水，暂且搁置，然后用竹夹搅水，从漩涡中心把茶末倒入鍑中。三沸之水如"波涛汹涌般腾波鼓浪"。此时，把刚刚舀出来的一瓢水倒入止沸，同时培育茶汤沫饽。茶经有说，沫饽是茶汤之精华，薄的叫沫，厚的叫饽，细轻的叫花。第三步就是酌茶，也就是斟茶。分茶时尽量使沫饽均匀，一般一鍑茶汤最多分成五碗，趁热喝完。把关注度更多地放在茶汤质量上面，引导人们对茶叶的炙、焙、煎、煮等过程更加地关注，兼具科学性和合理性。为使茶汤品质发挥到极致，唐人充分体现了人文精神，把一切可以影响茶汤品质的因素作以研究，同时结合了饮茶过程中的文化艺术享受，使饮茶活动成为具广泛观赏美和富含文化艺术气息的修养身心活动，以常伯熊为代表。这应该是表演型茶艺的鼻祖了，给予人们风雅文化的享受。常伯熊在陆羽茶道的基础之上，加以润色，使之具有观赏性，把单纯饮茶的物质享受以加持，成为极具观赏性的文化艺术创造活动，以及能够上达修身养性的精神境界，在品饮的过程中修养涵育，饮茶不再是自己的事，通过表演型茶艺的呈现，茶艺具有了广泛的观赏性和美感，饱含了艺术文化气息，茶艺换了身行头，强势地进入了大众视野。唐代宫廷茶艺，由于唐文宗好饮茶，喜茶道，"天子须尝阳羡茶，百草不敢先开花"，赐茶也成了宫廷礼仪中一项重要的组成部分，能够得到赐茶的大臣那都是无比荣耀的幸事。在宫中，各种场合无不需要饮茶，比如祭天祭祖时、供养三宝时、接待外臣时、皇室婚嫁时、内廷赏赐时、清明宴时、奖赏赐茶时、殿试娱乐时，茶都占有重要的一席。唐代宫廷茶艺也出现了尚繁荣，重等级，尚奢华，重礼仪，和谐愉悦等特点。唐代茶艺主要是以煎茶、煮茶为主，随着茶叶加工工艺的不断变化，也逐渐开始出现了点茶，但这并没有成为主流而是由宋人把点茶这一茶艺呈现方式推上了历史舞台。

第四节　宋代茶艺呈现

纵观中国封建王朝的历史，中古时期的宋代，无论是经济、文化、科技各个方面的成就都是前所未有的，那时的社会方方面面真是极尽繁华。陈寅恪先生曾感慨道，"华夏民族之文化，历数千载之演进，而造极于赵宋之世"。更多的海外历史学者，是将宋代奉为中国历史上的"黄金时代"。

这到底是一个什么样的朝代，为何如此令后世文人心心念念，"天水一朝之文化，为我民族遗留之瑰宝"，它究竟有着怎样的辉煌与繁盛呢？话说宋代开国初，宋高祖赵匡胤担心有兵权的大臣再玩他的那套黄袍加身的伎俩，于是来了一招杯酒释兵权，他在庆功宴上跟大臣们说，大家多年来也很辛苦了，回家多积累点金银财宝，多买点田地房产给后世子孙，再听听歌舞怡情享乐，开开心心地颐养天年了。这便是一个重文轻武的朝代。高祖是如何重文的呢，他又对后世皇室下了道诏书，立碑为言：不得杀士大夫及上书言事人。可以说，这是个文人的盛世，优雅之风的天堂。这三百年间，文艺之风大涨，就连皇帝，也很忘情地将自己投入这一场艺术的盛宴中去。宋高祖本人后世尊称为艺祖，而玩到巅峰的，就是著名的徽宗皇帝了，他绘画、书法、金石无一不精。宋代诗书画印一体，文人们一边做政务，一边做文艺，我们现在却只了解他们文艺的一面，蔡襄、米芾、欧阳修、苏轼、李公麟、黄庭坚、晏几道，简直星光熠熠。玩出新境界的，还有当时的金石学，金石赏玩在两宋成为上层阶级痴迷之事。著名女词人李清照的丈夫赵明诚就是位金石学家，他热衷于收藏与金石研究，在丈夫故去家乡沦丧的悲凉中，大概唯有那段赌书泼茶香的回忆温暖着她，每日饭后，一盏茶，一卷书，举杯大笑，而茶亦倾覆怀中。其实，不管北宋还是南宋，文人士大夫们仍旧继续着斗茶、赏玩古董、书画雅集这样的活动，例如著名的西园雅集，众多名士，有书画者、有赏石者，有清谈者，旁边少不了煎茶煮水，米芾赞叹：水石潺湲，风竹相吞，炉烟方袅，草木自馨，人间清旷之乐，不过于此。风雅，几乎成两宋的代名词，是因为有这么一些文人巨大的影响力。而风雅向来是需要附庸的,不然如何会形成潮流和风尚?诗词书画的门槛太高,喝茶这样的行为还是可以效仿的。宋代的市井百姓因此也在热闹中将世间百态融进了一杯茶中。更何况,从晚唐五代时候起,喝茶的人群越来越多了。

可以这样说,唐代茶圣陆羽把茶艺的制作手法及煎煮方式单独提及,使得中华茶文化有了极大的突破和飞跃,那么宋人对于茶文化最大的贡献,则是体现在将茶与相关艺术融为一体,使品茗过程变得更加有趣和花样百出。宋人崇尚饮茶,上至帝王将相、文人雅士,下至民间百姓,无一不是点茶的爱好者。穷尽雅致的点茶法一改唐时的煮茶法,成为饮茶的主流方式,并且传播至日本,由此,日本抹茶道开始走上历史舞台。宋代的点茶在唐时煮茶的基础上,更加注重茶汤的效果,无论是从器、水、火的选择方面,还是茶叶的加工方面,都十分注重感官的体验和艺术美感,开始呈现玩茶的趋势。宋代的茶汤尚白,而所选的茶碗以建盏等黑褐深釉色的茶碗为主。这是因为,黑可以显得茶沫更白。深色的茶盏与白色的茶汤遥相呼应,产生一种强烈的反差审美,这种情趣也是唯宋人独有的。宋朝人喝茶,我们称之为"点茶"。宋代的点茶与唐时煮茶最大的不同是,煮的是水,而不再是茶。茶已经被碾得极细腻,因此不需要再投入镀里煮饮,而是在茶盏里用沸水冲点即可。点茶时,先用小茶匙把茶末倒入茶盏里,注入少量的沸水,用茶筅把茶末和水调成黏稠的糊糊状,称之为调膏,然后再注入沸水。或者不调膏,直接向茶碗中注入沸水,一边冲一边用茶筅快速搅动,让茶末跟滚水充分混合,茶末上浮,形成粥面。点好的茶汤上面会有一层非常细腻的乳白色的泡沫,好像卡布奇诺咖啡一般。

宋徽宗赵佶的《大观茶论》对点茶之法作了详细论述,以"碾茶""罗茶""候汤""熁盏""点茶"为基本过程的点茶法成为宋人主导的品饮方式,直到元代,武夷山茶园逐步取代了北苑贡茶,宋代点茶器具才逐渐淡出人们视野,这一场风花雪月的游戏结束了。

蔡襄《茶录》所述的宋代点茶步骤中,首先要"炙茶"。用茶夹钳住茶饼,在微火上炙烤,这样可以使茶叶的香气更浓郁。因为陈茶在保存时会在周身涂一层膏油,以便其保存,所以陈茶在炙茶前,需要先把茶饼在沸水中浸泡一下,等涂在茶饼表面的膏油变软的时候,轻轻刮去外层,然后再在火上炙烤。炙茶,不仅有利于提高茶香,还可以把茶中的水气烤干。待茶饼烤干,就可以把它们碾碎了。

"碾茶"。宋朝承继了唐代的做法,宋代茶品也以茶末为主。碾茶时,先用一张干净的薄纸把茶饼包起来,用一个小锤把它捶碎。捶碎的茶块要立即碾。碾茶时讲究火候,要快速有力,我们称之为"熟碾",这样碾出的茶末洁白、纯正,茶汤也会更加鲜白,否则茶汤色昏,饮茶也少了些雅兴。跟唐代相比,宋代对茶末的要求更加细腻,而且,碾茶的工具繁多,砧椎、茶碾、茶研、茶臼、茶磨等都是其主要用具。砧椎是用来先将茶饼敲碎的工具,形状就像是一个带石臼的木槌子。宋人对茶碾情有独钟,时常会在诗词中提及,比如北宋西湖孤山隐士林逋就在《烹北苑茶有怀》的诗中写道:"石碾清飞瑟瑟尘,乳香烹出建溪春"。范仲淹也曾经有过"黄金碾畔绿尘飞"的句子。有一次陆游在午睡刚醒的时候就想饮茶,听到碾茶的声音,"玉堂睡起苦思茶,别院铜轮碾露芽",一下子清醒了,心情欢悦。从这些诗句中我们还可以窥得茶碾的材质,以石质为主,但也有金、铜等金属材质所制。唐代有木质茶碾,还有法门寺出土的皇家银质鎏金茶碾。但宋人点茶极其细致,对茶末的色泽、气味、颗粒大小要有着很高的要求,因此对这个茶碾的材质也就非常讲究和上心了。蔡襄提出银制或铁制的茶碾对茶性的激发最好,宋徽宗也深以为此,提出"碾以银为上,熟铁次之"的观点。宋代民间除了茶碾外,还开始使用石质茶磨。苏东坡就曾经赞叹茶磨是智者创造的,"计尽功极至于磨,信哉智者能创物"。南宋画家刘松年在《撵茶图》中细致地刻画出了一位茶人用茶磨反复地把茶叶碾成细腻的粉末状,这个茶磨与审安老人在《茶具图赞·石转运》中的描述极其相似。细看,茶磨周围还有一股粉尘状的气体,这大概是那些极细腻的茶粉颗粒所致。茶磨边上有一把棕刷,用它来把茶末归拢至磨心,反复研磨,直至茶末的颗粒都极其细腻,便用棕刷收集起来,放在一旁的罗合中以备点茶之用。这活灵活现的点茶场景反映了宋人点茶的过程和对点茶的喜爱。实质上这种小磨,到现在我们民间还在使用着,比如研磨豆腐、米糕之类的。除了茶碾、茶磨,茶研和茶臼也在使用,在崇尚悠闲的宋代,人们认为慢工出细活的境界最美好,文人们特别赏识。这是从唐及五代以来民间一直使用的。北宋词人秦观赞叹:茶仙赖君得,睡魔资尔降。所宜玉兔捣,不必力士扛。愿偕黄金碾,自比白玉缸。彼美制作妙,俗物难与双。他夸赞茶臼捣茶的声音非常之优雅,质地堪比白玉缸,制作之精妙不是一般俗物能够比拟的。这研茶,也能碾出各种风情,是一件极其风雅之事。

"罗茶"。碾磨后的茶末过筛,称为"罗茶"。宋代的茶罗比唐代的更为精细,但步骤上还是与唐代大致相同的。

"候汤"。宋人点茶时的水温尤其重要。宋朝人点茶一般不用铁锅烧水,而用瓷瓶烧水。这瓷瓶是一种特制的瓷瓶,比较耐高温,可以直接在火上烤,宋人称它为汤瓶。汤瓶里装大半瓶水,一会儿就烧开了。可是这汤瓶是不透明的,看不见里面水开的情况,因此聪明的宋朝人竟激发了听声辨水这一绝活。当然宋代煮水的茶具不只有汤瓶而已,还有茶鼎、茶铛和水銚等。但宋人习惯用汤瓶煮水,并以其注盏,直接点茶。所以汤瓶是宋人的心头爱,也是点茶必不可少的茶具。南宋罗大经在《鹤林玉露》中写道:"近世瀹茶,鲜以鼎镬,用瓶煮水"。这里的"瓶"指的就是汤瓶。汤瓶的前身,就是魏晋时期的鸡首汤瓶。汤瓶在唐代已多见,但多为酒具。直到五代时,汤瓶才渐渐用来煮水以方便点茶。蔡襄在《茶录器论·汤瓶》中写道:"瓶要小者,易候汤。又点茶,注汤有准,黄金为上,人间或以银、铁、瓷、石为之"。可见,宋代的汤瓶大都挺拔秀气,没有唐朝汤瓶那般丰满,凸显了宋时的审美情趣,同时也更加方便使用。苏东坡也有"银瓶泻汤夸第二"的句子。高高在上的达官显贵们为了彰显其富裕与品位,用黄金来制作汤瓶当然是最好的选择了,但对于普通大众而言,瓷质的汤瓶便成为首选。从后世的考古挖掘中也可以发现,宋代出土的汤瓶大都是瓷质的,遍及南北,特别是南方的越窑、龙泉窑和景德镇窑,更是以汤瓶为主要出品。从绘画材料及出土文物来看,宋代的汤瓶为了点茶方便,壶流大都制成了尖嘴,弧度较为斜长,曲度较大,瓶身修长且腹圆,侈口,一执一流在其肩部左右,造型优美精致。因为宋代的汤瓶是直接架在火上烤的,瓶身极烫,为了避免在点茶时烫手,与汤瓶配套的瓶托也应运而生。瓶托大多呈直腹深碗形。长流削嘴,造型典雅秀逸,有瓶托来托持,注汤点茶更加安全了。

"熁盏"。点茶之前,先要熁盏,蔡襄《茶录》中所谓"凡欲点茶,先须熁盏令热,冷则茶不浮"。熁盏其实就是我们现在的温杯,用高温激发茶香。原来现代茶艺中的温杯,在宋时就有了。宋代点茶所使用的主要器具是黑色的建盏,尤其是蔡襄著《茶录》之后,宋人尚白,点茶之盏的官配为黑釉盏,甚至可以这样说,建窑黑釉盏是专门为了点茶而生的。建盏因为胎厚,所以茶汤不易变冷;盏底较深,利于茶性的挥发;盏底又稍宽,便于以茶筅上下击拂,打出浓密细腻的沫饽。这种茶盏受到蔡襄、宋徽宗的竭力推崇。皇室的专用茶盏,会在底部刻有"进盏"或是"供御"等铭文,以彰显特权,做以区别。建盏黑釉盏品种多,除了兔毫盏之外,油滴盏、曜变天目等,也是建盏中的名品。建盏上或密集或疏朗的"鹧鸪斑",是釉料中二氧化铁在不同温度下所呈现的釉斑,一般为银灰、灰褐和黄褐色,貌如鹧鸪的羽毛,绚烂无比。宋代文人对于风花雪月的事情十分在乎,比如对当时的端砚和歙砚的色彩、纹理的兴趣,甚至成了一种无可理喻的追求。比如他们痴迷于端石上的鱼脑冻、冰纹、石眼、火捺,歙石的眉纹、罗纹、金星纹等。

"点茶"。点茶是用器具把茶末盛入茶盏中,注水后以器具击拂产生细腻泡沫的过程。其用具,一般有茶匙和茶筅两种。一开始,宋人主要使用金属制的茶匙,先取茶至茶盏,再用来击拂茶汤。据宋徽宗《大观茶论》之后的文献记载,点茶的击拂就主要使用茶筅了。茶筅是一种由竹子剖开的茶具,根部较粗,梢部较细,梢部的竹条被打得极薄,有直分须和圆分须两种。我们现在看到的日本茶道中的茶筅,其形制依旧和宋代的茶筅较为接近。《大观茶论》中对茶筅的使用有着较为详细的叙述:"以汤注之,手重筅轻,无粟文蟹眼者,谓之静面点"。手轻筅重,指绕腕旋,利用手腕的力度,沿字母 M 状在茶盏中前后击拂,这样点的茶泡沫极其绵密,是以表达宋人点茶的闲情雅致了。

点茶的第一步是调膏。调膏需掌握茶末与水的比例。1:10 左右的比例可以把茶末调成富有胶质感,且极其均匀的茶膏。这时开始向茶盏注入煮好的沸水,一边注水一边用茶筅以"M"状击拂。注水和击拂有缓急轻重和落点的不同,要适时变化。击拂茶汤时要使用较大的力道,这样茶末才能够和水充分混合,在表面呈现出细腻的白色泡沫,形成一种乳状的茶液,宛如白花布满碗面,现代的我们大概可以用打蛋打出来的蛋花来联想一下。盏内水乳交融,茶汤浓稠,咬盏时间越长越好。茶末颗粒愈细,茶乳愈不容易现出水痕;拂击时的力道越大,沫饽咬盏时间就会越长,那盏面也就会形成各种各样艺术性的幻化效果。

宋代人人爱茶,人人点茶,百姓互相之间又很不服气,都认为自己的制茶技艺和点茶技艺要高于他人,于是总要聚在一起,互相评比一番。这样一个以竞赛的形式品评茶叶优劣的风俗,我们称之为"斗茶",也叫"茗战"。据说当时宋徽宗的点茶技法与效果也是十分了得的。斗茶趣味性高,但也极具技巧性,且对选茶用料或是水温器具甚至是点茶的手法都极其讲究,要想斗茶夺魁,还真不是那么容易的事情。点茶以汤色和汤花作为评判输赢的标准。茶面的汤色,以纯白为最佳,茶汤越白,则说明茶的品质越高,茶叶越鲜嫩,制作茶叶时的工艺也最高超。若是茶汤发青,则说明加工的时候火候不到位;若是茶汤发灰,则是加工过了头;若是茶汤发黄,则表明采摘得不够及时;若是茶汤发红,那就是焙火的时候焙太久。茶面的汤花,指的是茶汤表面的沫饽,其颜色也是越白越好,咬盏的时间自然越久越好。这茶汤表面的水痕最先出现,那他就输了,所以水痕出现的早晚也成为决定点茶优劣的主要依据。斗茶要斗茶的色、形、味,当然茶盏也是比赛的一个项目。在斗茶之余,比较着手中的鹧鸪斑茶瓯,或是金兔毫茶盏,也足以得意一番的。

宋代民间的斗茶非常兴盛,宋人刘松年的《茗园赌市图》就细致地描写了市井斗茶的情形。画中的人物栩栩如生,惟妙惟肖,有正在注水点茶的茶贩,有不服气的提着壶、准备大秀茶技的茶贩,有举着茶盏尽情品饮的茶贩,还有肩上挑着茶好奇观望的茶贩。边上还有一个女性,一手牵着孩子,一手拎着壶,边走路边忍不住回头张望,真是生动形象,好不热闹,淋漓尽致地展现了宋代街头民间斗茶的情景。

斗茶,也许有那么一丝好胜之心,那么分茶,就给足了文人雅士淡雅之气的呈现空间。分茶亦称为"茶百戏"。分茶之人利用茶盏中的水脉,出其不意地创造各种善于变化的书画或是艺术作品来。这是一种玩茶的范畴,小小的一盏茶中,呈现了创造者的奇思妙想和艺术情趣,无不是一种享受。分茶在唐五代及北宋开始,是一个动作,作动词用,也就是待茶。煮好后用茶勺从镀中勺出,分别倒入品盏中,供大家分享。在分茶过程中,由于汤面千变万化,给了文人墨客以丰富的想象空间,慢慢地把分茶过程演变为游戏过程,特别是到了南宋,点茶流落街头,成为一种社会文化,分茶两个字由原来的动词转化为一种游戏的专用名词,分茶过程也从原先比较庄重的仪式,成了陆游笔下的"戏分茶",可以"原汤化原物",调些浓稠点的茶粉在白色的沫饽上面创作;也可以"清水点鸳鸯",注入开水,利用温度使汤面水痕泛出不同的色差,再写字作画;也可以"泼墨丹青",使沫饽表面产生色差和视觉差;亦可以"五彩缤纷",综合运用几种手法及六大茶类茶品,产生五彩缤纷的视觉效果。随着时代的发展,秉持传承与创新,各种新的方法正在不断地涌现,各种玩茶的新玩法也在不断地创新,六茶共舞也正式开启了一个玩茶的新时代。

第五节　明代茶艺呈现

朱元璋挥舞农民起义的大旗，坐上了大明开国皇帝的宝座，贯行与民生息的政策，社会初安、经济发展，饮茶雅事于是又再度兴起，煮茶、点茶这种曾孕育了中国茶文化辉煌与精致的饮茶方式，被彻底地打破了。朱元璋下令茶制改革，用散茶代替饼茶进贡，散茶的饮用被大力提倡和推广，茶文化进入了叶茶时代。茶叶，终于不再被捣烂加工成茶饼，而是经过简单地做青和炒青之后直接保存起来备用，以完整的叶状形态示人。茶叶的加工工艺进步了，它的品饮方式也就随之发生了变化，开始呈简洁化发展。明代的茶叶在冲泡时和现在的饮茶方式极为相似，直接把茶叶放入茶壶、茶碗等茶器中，注入开水即可。从此，壶泡杯饮法应运而生，茶叶以一种崭新的形态被人们所接受，清饮之风盛行。其中，朱元璋的第十七子朱权可以成为饮茶方式去繁从简的代表。朱权大胆改革传统饮茶的烦琐程序，并著有《茶谱》一书。朱权崇尚茶的自然本性和茶之本味，提倡从简行事的饮茶方式，并对茶品的选择、茶具的食用和饮茶方式等方面提出了明确而具体的要求。明代，始得茶之正味，明代瀹茶法品茗，讲究情景交融，泡茶普遍用壶冲泡，茶壶只作为主泡器而不是主饮器。泡茶时把茶叶倒入茶壶中，注入沸水，再分至各自的茶杯中饮用。据古代茶书记载，壶泡法有一套完整的程序，主要包括：备器、择水、取火、候汤、投茶、冲泡、分茶、品茶等。其中有"洗茶"这一环节，也就是品饮之前先用水淋洗茶叶。当然现在我们更愿意用"醒茶"来代替洗茶二字，但可以看出，明代茶人已经非常注重茶叶的品质了。洗茶最早从明代开始提出。洗茶，可以洗去茶叶储存后渗入的阴冷之气，也可以使茶叶初步展开，帮助其内涵物质更好地析出。在国人的观念中，喝茶和品茶还是有很大区别的，喝茶，强身健体，消食解渴；品茶，品评鉴赏，抒情达意。特别是在如今福建省、广东省、广西省和台湾地区的工夫茶，可真是茶盏手中握，惬意心中留，把明代的壶泡法传承得淋漓尽致。明代茶具比唐朝茶具更为精致灵巧，推崇陶质和瓷质茶具，返璞归真，造型独特。因为饮茶方式的变化，因此之前备受推崇的茶具不再受宠,黑色建盏也逐渐失势,莹白如玉的茶具因为能够更好地体现茶之色,而一跃成为人们的心头好,强势登场。然而紫砂壶的出现,使得艺术成就很高的白瓷也望而生畏,甘拜下风。江苏宜兴的紫砂壶,小巧玲珑,集实用性和欣赏性为一身,至今身价未减,极具收藏价值。好水出好茶,明代人对于煎水也是有着独到之处的。唐人煮水靠三沸来区分,宋人辨水有着听声之法,明人更为细致,提出了三大辨十五小辨之说,也就是通过形辨、声辨和气辨来辨别水的温度。明人极尽风雅之事,认为品茶不仅茶要好,器要合,连这自然环境和人员素质都列为是品茶的必要条件之一。茶不再是山野中的一道饮料,而是高雅生活的象征,成为人们恬淡生活的重要组成部分。明代许次纾在《茶疏》中就极其细腻地描写了饮茶时的情景,"初巡鲜美,再则甘醇,三巡意欲尽矣",说这一壶茶,喝一道鲜美宜人,就像这亭亭玉立的豆蔻女子一般;喝两道甘醇味美,似如碧玉婚嫁年龄的花季女子一样;喝三道则寡淡无味,毫无兴致,已如儿女成行的妇人般了。明朝至今,茶具的种类大都没有太大的变化,只是在茶具的式样或是质地上有所创新,数量上也有所精简,但非常讲究饮茶的章法和规格。茶成为人们抒情达意的方式和方法,明代茶人在不得志时,也会借由茶来表达内心所愿,清节励志。比如把焙茶的笼子称作是"建成",把竹炉叫作"苦节君",把贮水的瓶子叫作"云屯",意谓将天地云霞贮于其中。茶人的良苦用心可想而知。晚明时,内忧外患,社会矛盾加大,情势越来越复杂,很多茶人报国无门,解决社会矛盾无果,只好借物抒情,在这一壶一盏中寻求寄托,一方面仍然追求自然、崇尚古朴,但同时又多了些唯美求真的情绪,把茶事细节做到了极致,无论是茶、水、器、火还是环境,都追求精美,不能出现半点不妥之处。正所谓文人的天地越小,越想从一具一器中体现自己的心,从一品一饮中寻求自己平朴自然、神逸崇定的境界。随着饮茶风气从以茶雅志走向了物趣至上和玩风赏月,这种病态的美感也就呈现出了玩物丧志和格调纤弱的倾向。

第六节　现代茶艺呈现

20 世纪 70 年代,随着经济的发展,我国台湾地区的茶产业也发生了巨大的转变。1977 年,一位喜爱中国传统文化的管寿龄小姐,从法国留学回来,在台北开设了一家以中国绘画、工艺品为主的画廊,以茶来美化艺术品,把餐点和茶饮与艺术融合,让艺术走向实际生活,整个画廊都充满着生活情趣。在此品茗颇有艺术氛围,因此她把这个空间称之为"茶艺馆",让茶艺一词又再次回到了大众视线,甚至有人提出,不喝茶就落伍了的口号。逐渐,这股风潮席卷了大陆,茶强势地回到大众的视野中。喝茶是生活中的美好享受,也是一种雅致的生活艺术。中国茶艺,追求的是一种愉悦,喝了茶,身体清了,精神松快了,茶友互相沟通,共享这泡茶,无论身份的高低贵贱,借由茶领悟自然之美,同时也通过茶之世界抵抗外界的喧嚣。很多人都会把日本茶道和中华茶艺做以比较。其实很简单,它们虽是同宗,但在历史的长河中,因为国情的不同,大众审美的不同,也呈现出了两种不同的状态。日本茶道追求苦寂精神,从外在的规矩到内心诉求,通过日复一日的磨炼,行茶时的一丝不苟,终能修行成功,成就了自己,成就了独属于自己的茶道。而中国却恰恰相反,习茶先习人,是从心到规矩,心里想明白了,再随手做的动作也就释然了。茶文化的复兴经历了不同的阶段。1980 年茶文化复兴初期,是一个只要有一把紫砂壶,几盏小杯就可以笑傲江湖的状态,其他一律从简。投茶用手抓,泡茶也较为随意。这样反倒激起了大家想要更多地了解茶,因此人们对于茶的渴求激增,人们想要去研究各种泡茶用具,钻研各种泡茶的手法,梳理各种泡茶原理。这是茶文化复兴的第一个进程。饮茶层面日益扩大,泡茶手法层出不穷,茶文化复兴进入了第二个进程。传播界的介入,把茶会的盛况,茶艺的呈现形式,茶具的精彩纷呈生动形象地向大众传达,这种借着茶会沟通和交流的形式,突显了现代茶道的特质,这是 1990 年代开始的第三个进程。茶会的举办,其他艺术项目大量地加入到茶席里面,比如音乐、插花等装饰品,谈论生命与做人道理等。而后,人们把关注度集中于茶本身,开始寻求泡茶与茶汤里的审美世界,纯茶道的思想备受尊崇,茶文化复兴进入了第四个进程。2010年后,人们愈发注重茶汤品质,重视茶的内涵表达,单纯的泡茶及喝茶就是一种优雅的艺术表现,茶文化复兴走入了第五个进程。

在茶文化不断的发展过程中,茶艺也逐渐分成了几种类型:第一种是表演型茶艺。这种茶艺重在表演,适用于大型聚会,在推广茶文化、普及和提高泡茶技艺等方面都有良好的作用,也比较适合表现历史性题材为主体的茶艺呈现或是一些艺术化的表演,所以仍然具有存在的价值和意义。它包括了传统型茶艺,比如儒、释、道等宗教茶艺,特别讲究礼仪,气氛庄严肃穆,茶具古朴典雅,强调修身养性或以茶释道,也包括了少数民族茶俗,结合当地民族饮茶习惯和风俗,呈现方式精彩纷呈,饮用手法多种多样,深受广大群众的喜爱。宫廷茶艺和文士茶艺也是表演型茶艺的典型代表。宫廷茶艺注重礼仪,场面宏大,茶具极尽奢华,等级制度严明,从简单的茶事上窥探历史的遗迹;文士茶艺内涵厚重,极尽典雅,呈现了历代儒人雅士的似水柔情,以优雅的意境,精致的茶具,愉悦的氛围,结合吟诗、赏月、抚琴、鉴物等各式各样的艺术体现,以得修身养性之真趣。第二种是生活型茶艺,比如基础茶类茶艺,顺着茶性的表现,用最科学合理的方式泡茶,把茶叶的内涵物质充分溶解到茶汤中,使营养成分和口感达到最佳状态,做适当艺术性处理,不做多余的动作,真诚、优雅而又突显互相之间的尊重。还有一种是以促销为目的的茶艺。这一类茶艺多出现于茶馆或茶店中,此时茶艺的目的不再是艺术性的感受,而是为商品服务的。现在无茶不成礼,茶已经成为时尚的符号,待人接物总是先行。品茶、献艺已经蔚然成风。在这大好的形势下,形成了今天琳琅满目的现代茶艺呈现,正是茶文化发展的必然现象。

第三章

现代茶艺呈现

　　茶艺是古老又现代的文化艺术,如何在茶艺教育的过程中渗透于人的思想并使其发扬光大,同时传承着中国几千年的文化精髓是值得深思的问题。茶艺教育,可以理其规,树其法,尽其真,发其善,明其美,静其心,通过茶艺教育,提升人们的审美情趣,保持人们的和善之心,提高人们的生活品质,促进人们的和谐发展,弘扬整个中华民族的优秀文化。中国茶艺呈现方式多种多样,下面,我们主要通过不同茶类的冲泡方式来介绍生活型茶艺。

第一节　玻璃杯冲泡绿茶茶艺呈现

　　绿茶是我国六大茶类中产量最多的茶类,全国80%左右的绿茶都来自江浙地区。绿茶根据加工工艺的不同,外形变化也较大,因此在冲泡绿茶时应根据不同的叶形和品质来选择不同的茶器具和不同的冲泡方法。绿茶按照其叶形的不同,也可以采用上投法、中投法和下投法三种不同的冲泡方式。所谓上投法,适用于白毫较多的极细嫩的茶叶,比如碧螺春等,冲泡时先将杯具温热,倒入80℃左右的水至七八分满,然后投入适量的茶叶即可,欣赏茶叶缓缓掉落至杯底的过程也是一种视觉的享受,非常唯美。所谓中投法,适用于大多数的名优绿茶,冲泡时先将杯具温热,投入适量的茶,倒入80℃左右的水至杯身的1/3满,然后摇动杯具使茶叶充分受热,缓缓舒展开来,茶香四溢,接着再注水至七八分满即可。所谓下投法,适用于普通的大宗绿茶,冲泡时先投入适量的茶,然后倒入85℃左右的水至七八分满即可。适合用玻璃杯冲泡的茶叶有很多,比如西湖龙井、永川秀芽、雪水云绿、龙谷丽人、开化龙顶、浮来青等名优绿茶及单芽型的绿茶皆可。

用玻璃杯冲泡绿茶主要使用的器具为:玻璃壶、玻璃杯、茶盘、茶道具组、茶叶罐、茶巾、赏茶盒、水盂等。

我们选用矮脚厚底的玻璃杯来冲泡名优绿茶,杯身晶莹剔透,可增加茶叶的观赏性。茶盘为承载器具,里面承装泡茶用具。茶道具组是泡茶的主要工具,因为不能用手直接碰触茶叶,所以我们需要借助这些茶器具。茶匙是用来盛取条索形的茶叶的,比如西湖龙井。茶则是用来盛取紧实形的茶叶的,比如大家常见到的铁观音。茶漏是盛装茶叶时增加茶器表面口径的,方便我们盛茶。茶夹是用来夹取品茗杯的。茶道具筒是承装这些茶器具。茶叶罐是存取茶叶的器具。茶巾是拭擦茶具或承托玻璃壶时所用的器具。赏茶盒是用来欣赏干茶外形的盒子。水盂是用来盛装废水、废渣所用的。

在泡茶前,我们要做到三"静",即:净手、净具、静心。所谓净手,在泡茶时要保持手部的清洁,这是我们和客人直接交流的部位,非常重要。所谓净具,要保持茶具的干净整洁,这是泡好一盏茶汤的先决要素。所谓静心,是指整个冲泡过程中要凝神静气,平和自然,以茶养心,以茶养性。

玻璃杯冲泡绿茶分为九个步骤,分别是:行礼、备具、出具、温杯、投茶、浸润泡、高冲、奉茶、收具和行礼。

一、行礼

礼是中华民族的灵魂,茶礼仪则是中华茶文化的核心之所在。礼,是贯穿整个茶艺表演中非常重要的核心内容。通过行礼,一方面表示茶艺展示的开始,另外一方面也向客人表示敬意。借助茶这个载体来行礼仪,以礼开始,以礼结束。行礼多为站式行礼和坐式行礼。站式行礼时,躬身角度为45°左右;坐式行礼时,躬身角度为20°左右。行礼时背部挺直,面带微笑。眼神逐步移至脚前30厘米处。

二、备具

准备泡茶所需要的茶器具,分别为:茶盘、水盂、水壶、茶道具组、玻璃杯、茶叶罐、赏茶盒、茶巾(图3-1)。

图3-1 备具

三、出具

把茶器具分别摆放到方便冲泡茶叶的位置(图3-2)。依次是:茶道组、茶叶罐、赏茶盒、茶巾。依次把玻璃杯翻至茶盘中间。女士用双手翻杯,男士可直接用单手翻杯。

四、温杯

往杯中注入大约1/4的开水。倒水时,女士用茶巾承托玻璃壶底部,男士可直接执玻璃壶壶柄处。利用手腕的力量逆时针方向转动杯身一圈,以使水温至杯口,又不会洒出。将开水沿玻璃杯杯口按逆时针方向温热一周(图3-3),并将水倒入水盂中(图3-4)。男士可直接用单手把水倒出。

图 3-2　出具

图 3-3　温杯

图 3-4　出水

五、投茶

冲泡所用的玻璃杯一般为220毫升左右,以1∶50的投茶量为宜,每一杯可投茶2至3克,投茶量可以根据不同情况酌情调整。若客人平时不常饮茶,投茶量可适当减少。冲泡名优绿茶,因为茶叶多以一芽一叶或一芽两叶为主,极为细嫩,投茶量一杯约为2至3克茶,以客人的喜好来定。如果客人极少饮茶,则茶叶以2克为宜;若客人好饮浓茶,则投茶量可适当增加。绿茶冲泡好后的1至2分钟左右再品饮,口感最佳,品质最高。投茶首先把赏茶盒放置茶巾右边待用,双手执茶叶罐到胸前,用右手打开茶叶罐的盖子,拿茶匙至胸前,投茶约6至9克茶至赏茶盒中。放回茶匙和茶叶罐,再次拿起赏茶盒,欣赏茶叶的外形。拿起茶匙,把茶叶均匀地分为三份,并依次均匀地投放至玻璃杯之中(图3-5)。

图3-5 投茶

六、浸润泡

沿逆时针方向往玻璃杯中注入约1/3的水,以水位刚刚盖过茶叶表面为宜。沿逆时针方向快速有序地摇动杯子,使茶叶迅速吸热、温润,散发茶叶香气(图3-6),同时也有利于再次冲泡后的茶叶叶片快速浸润下沉,便于饮用。这个手法叫摇香。

图 3-6　摇香

七、定点高冲

冲泡时,要尽量对准一个冲泡点,一边提高水壶一边往玻璃杯中注水、冲泡。这个手法叫作定点高冲(图 3-7)。利用水的冲力使茶叶在杯中翻滚,这样有利茶叶香气和滋味的释放,将水注入杯中七、八分满时停止冲泡。这样做一是便于握杯饮用,二是以示茶礼,中国人讲究"七分茶情、三分人情",讲究"酒满敬人、茶满欺人",因此,我们在冲泡时切不可水位过满,以免有送客之意。

图 3-7　高冲

八、奉茶

行礼后,将泡好的茶,用双手奉给客人品饮,以示敬意。以伸掌礼示茶(图3-8),客人可回以叩指礼表示感谢。

图3-8 伸掌礼

九、收具

茶人贵在精行俭德,有始有终,故而有出具,便有收具。分别把茶道组、茶叶罐、赏茶盒、水盂和茶巾收回至茶盘之中即可(图3-9)。

图3-9 收具

十、行礼

行礼一为表示茶艺展示的结束,二为向客人再次致意,充分表达对客人的敬意。首尾呼应,以礼开始,以礼结束。

对于名优绿茶,我们大都选用玻璃杯来进行冲泡,可以满足我们全身心的享受。而对于比较普遍的大宗绿茶,因为茶叶比较粗老,外形比较差,且含有较高的茶多酚和咖啡因,所以相对于名优绿茶而言,茶汤的苦涩味较重、浓度较高。所以在冲泡大宗绿茶时,我们一般选用瓷壶冲泡,使客人把关注点放在香气和品饮方面。冲泡时如果能够适当增大茶与水的比例或适当降低水的温度,都能够起到一定的调和茶汤滋味的效果。

第二节　盖碗冲泡绿茶茶艺呈现

盖碗冲泡绿茶茶艺,其主泡器为盖碗。先来了解一下盖碗的前世今生。盖碗又称为"三才碗",碗盖为"天",碗托为"地",碗身为"人"。象征着集天时地利人和之意,向宾客奉上这一盏茶,以表示我们对宾客的尊重。盖碗造型独特,制作精巧。盖碗的形制上大下小,像一个倒钟型一般,上面的碗盖刚好可以入碗内,下面的碗底内嵌在一个中间内凹的茶托中,大小刚刚合适。下配茶托,这样喝茶的时候非常方面和稳固,盖碗不易滑落,同时也不会烫手。而且上面的盖子既可以聚拢香气,又在半开半合中能够阻挡那些浮在茶汤表面的茶叶进入嘴中,既方便又惬意。另外,盖碗因其碗口较大,冲泡时非常方便注水,而又因碗底较小,注水后,茶叶极易在碗底翻滚,比较容易激发茶香,帮助茶叶更好地在水中绽放。用碗盖轻赶浮叶,便于品饮。茶托既有着功能性作用,可免于端茶时碗身过于烫手之苦,又有着美观性作用,若是杯身的茶汤不慎溢出,自然会流到下面的茶托内,而不会落到盖碗外面的桌面或地上,便于端茶敬客,且姿态优雅,更能够显出品茶时的美感。用盖碗冲泡可以更好地观其形、闻其香、察其色、品其味、思其韵,岂不妙哉。而且盖碗用起来也很实用,它既适合几个人同时品饮,又适合自己独自品饮。人多时,盖碗可以当主泡器,从盖碗里泡好茶汤后,把茶汤倒入公道杯中,再分至各个品茗杯中供宾客一同享用;而在自己品饮时,它又可以当主饮器,自斟自酌,好不自在。

现在有一只盖碗走天下的说法,因为盖碗有着极强的包容性,各大茶类均适合使用盖碗来冲泡,又方便又美观,还能够很好地激发茶性,因此成为众多茶人泡茶时的首选。

用盖碗冲泡绿茶,水温以80℃为宜,投茶量为2至3克每杯,冲泡后1至2分钟左右品饮最佳。

一、行礼

以站式行礼或坐式行礼的方式行礼。站式行礼时,躬身角度为45°左右;坐式行礼时,躬身角度为20°左右。行礼时背部挺直,面带微笑。眼神逐步移至脚前30厘米处。以礼开始,以礼结束。

二、备具

准备泡茶所需要的茶器具,分别为:茶盘、水盂、水壶、茶道具组、盖碗、茶叶罐、赏茶盒、茶巾(图3-10)。

图3-10 备具

三、出具

把茶器具分别摆放到方便冲泡茶叶的位置（图 3-11 ）。

图 3-11　出具

四、温盖

　　翻开盖碗的盖子（图 3-12 ），往盖中沿逆时针方向注入一圈开水（图 3-13 ），并用茶针把盖碗的盖子翻回（图 3-14 ）。

图 3-12　开盖

图 3-13　温盖

图 3-14　翻盖

五、温杯

　　打开盖子,放置在杯托的右下角,逆时针方向将开水在盖碗中温热一周(图 3-15),并将水倒入水盂中(图 3-16)。

图 3-15　温杯

图 3-16　出水

六、投茶

　　往每只盖碗中投茶 2 至 3 克左右。若客人平时不常饮茶,投茶量可适当减少。先用茶匙把茶叶拨至赏茶盒中(图 3-17),均匀地分至每一只盖碗中(图 3-18)。

图 3-17　投茶

图 3-18　投入盖碗中

七、浸润泡

　　往杯中注入大约 1/3 的开水,开水的水位以刚刚盖过茶叶表面为宜,然后快速有序地摇动杯子,使茶叶迅速吸热、温润,散发茶叶香气,谓之摇香(图 3-19)。同时,也利于再次冲泡后的茶叶叶片快速浸润下沉,便于饮用。

图 3-19　摇香

八、定点高冲

冲泡时,要尽量对准一个冲泡点,一边提高水壶一边往盖碗中注水
(图 3-20)。利用力的冲力使茶叶在杯中翻滚,这样有利茶叶香气和滋
味的释放,将开水注入至杯中八分满时停止冲泡。这样做一是便于握杯
饮用,二是以示茶礼,中国人讲究"酒满敬人,茶满欺人"之说。

图 3-20　高冲

九、奉茶

将泡好的茶，用双手奉给客人品饮（图 3-21），并以伸掌礼示茶，以示敬意（图 3-22）。

图 3-21　奉茶

图 3-22　伸掌礼

十、收具

把各个茶器具收回至茶盘之中（图 3-23 ）。

图 3-23　收具

十一、行礼

行礼一为表示茶艺展示的结束，二为向客人再次致意，充分表达对客人的敬意。

品饮时，亦是男女有别。女士左手托底，右手持盖纽轻刮茶汤表面，轻赶浮茶，品饮时肘关节内收，轻轻啜饮。男士较为豪爽，直接以右手持杯身，细细品味即可。

第三节　乌龙茶的小壶冲泡茶艺呈现

乌龙茶又称为青茶，是半发酵茶类，主要来自我国的广东省、福建省和台湾地区，基本分为了以铁观音为主的闽南乌龙、以大红袍和武夷岩茶为主的闽北乌龙以及以凤凰单丛为主的广东乌龙三种，台湾地区多

以文山包种和冻顶乌龙为主。因乌龙茶特有的香气和滋味,以及丰富多彩、精美实用的茶器,使人们在冲泡和品茗过程中也得到了精神的享受,所以深得人们的喜爱。

冲泡乌龙茶,要根据茶叶形状的不同、采茶季节的不同、加工工艺的不同,采用不同的冲泡方式和选用不同的茶器。因此在冲泡之前,充分地了解所泡之茶是非常重要的,比如它是春茶还是秋茶?是手工制茶还是机制茶?是紧实型的还是条索型的?同时,还要确定喝茶的人数,这样,我们才能决定选用茶具的大小,或者是决定选用紫砂壶还是选用盖碗泡茶。

铁观音有着天然的兰花香,音韵持久,又有着"七泡有余香"之说,深受大家的欢迎。用紫砂小壶来冲泡铁观音,因为壶身有气孔,因此具有透气性,可以使茶汤的口感更加醇厚而香气不减,亦可减缓茶汤的涩感。日积月累,茶香会顺着紫砂壶的气孔渗入到壶壁,也就是我们常说的留香,就算倒入白开水也能闻到茶香,确实令人心旷神怡。

泡乌龙茶必须严格把握用水、器具和冲泡三道关。水以泉水为妙,器以精小为上,水温以沸水为宜。正如陆羽说的:"山水上,江水中,井水下"。

冲泡紧实型乌龙茶主要使用的器具有:茶船、奉茶盘、茶道具组、茶叶罐、茶托、公道杯、滤网、紫砂壶、茶巾、赏茶盒、煮水器、品茗杯等。首先,我们就来认识一下这些泡茶用具。

茶船,它像一艘诺亚方舟一般承载了很多的茶具,而泡茶之废水也可以直接倒入底槽,因此在冲泡乌龙茶时我们就不需要用水盂了。奉茶盘,为奉茶时所用。茶托与品茗杯是一一对应的关系,一盏配一托。品茗杯为品饮香茗时所用。拿杯也有一个很好玩的手法叫三龙护鼎,用我们的大拇指、食指和中指握住杯盏,既稳当又雅观,且有珍而重之之意。公道杯,就是"人间自有公道"的公道,因为茶叶浸泡时间越长,茶汤则越浓,如果直接出汤至品茗杯中,则第一杯太淡而第三杯太浓。茶人讲究公平、公正的原则,一视同仁,皆为茶友,因此公道杯便应运而生,出汤时先把茶汤倒入公道杯之中,这样所有的茶汤浓度均匀,不浓不淡,然后再分至各个品茗杯之中。公道杯的灵感来源于咖啡的奶盅,在现代茶艺中使用非常广泛。滤网,是过滤茶渣所用,以保证我们奉给客人的茶汤是一杯纯净的茶汤。

乌龙茶因为在摘取时不像绿茶那般只选取一芽一叶或一芽两叶,而大都采摘已成熟叶片,因此必须用高水温才能把其丰富的内含物质冲泡出来,所以冲泡乌龙茶的水温要控制在95℃以上。茶水比为1:20,也就是说,每一克茶叶要用20毫升的水来冲泡。一般的三人小壶,推荐投茶量在5克左右,当然根据紫砂壶的容量、客人的数量及饮茶习惯等,也可稍作调整。乌龙茶需要高温闷泡,第一泡的出汤时间在40秒钟左右,为了保证茶汤品质,后面的每一泡都应该在前面一泡的基础上增加10至15秒左右的时间,以使茶叶里面的内含物质能够充分析出。

乌龙茶小壶泡法主要有13个步骤,分别是:行礼、备具、候汤、出具、温壶、投茶、洗茶、冲泡、分茶、奉茶、净具、收具和行礼。

一、行礼

礼是中华民族的灵魂,茶礼仪则是中华茶文化的核心之所在。通过行礼,一方面表示茶艺展示的开始,另外一方面也向客人表示敬意。行礼多为站式行礼和坐式行礼。站式行礼时,躬身角度为45°左右;坐式行礼时,躬身角度为20°左右。

二、备具

冲泡紧实型乌龙茶所需要的器具主要有:茶船、煮水器、奉茶盘、茶道具组、茶叶罐、茶托、品茗杯、紫砂壶、公道杯、滤网、赏茶盒、茶巾等(图3-24)。

图3-24 备具

三、候汤

将水煮沸,便于冲泡茶叶。乌龙茶在采摘时都选择成熟的对夹叶,因此原料本身比较粗老,需要用较高的水温来冲泡,最好用95℃以上的水。

四、出具

把茶道组、茶叶罐放置在合适的位置,把茶托平铺奉茶盘,放置在茶船左侧。赏茶荷放在茶船右侧,茶巾放在茶船下方,在自己触手可及的地方。调整一下茶具在茶船表面的位置,以方便冲泡为宜,翻转品茗杯(图3-25)。

图3-25　翻转品茗杯

五、温壶

高温能够激发茶叶的高香,将沸水注入紫砂壶(图3-26),使之温热壶身,随后将热水倒入公道杯使之温热(图3-27),再依次倒入三只品茗杯之中(图3-28)。通过温热杯盏,让茶杯温暖待承。

图 3-26　温壶

图 3-27　温公道杯

图 3-28　温杯

六、投茶

根据品茗人的多少,选择壶的大小并投放适量的茶叶。一般的投茶量为 5 克至 7 克左右。先把茶叶投至赏茶盒中欣赏干茶的外形(图3-29),再投入至紫砂壶之中(图 3-30)。

图 3-29　投茶至赏茶盒

图 3-30　拨茶至紫砂壶

七、洗茶(浸润泡)

用沸水以高冲的方法迅速洗茶(图 3-31),使茶叶在壶内翻滚,起到了温润茶叶的作用,并能使茶叶迅速舒展,有利于茶叶的冲泡和促使茶香的散发。紧实型的茶叶因为高冲后,会产生一些泡沫,沫会有涩口之感。以左手执壶盖刮沫后(图3-32),再用煮水器中的水沿逆时针方向倒一圈水,谓之淋壶(图3-33),随后将茶汤倒入公道杯中待用(图3-34)。洗茶的水要快速出汤至公道杯中。洗茶,并不是传统意义上的因为茶叶脏而清洗茶叶,而是因为紧实型的乌龙茶在初展时焦涩之味略重,不适宜入口。这一步有点像绿茶茶艺中的浸润泡,让茶叶初步展开。所以很多人把洗茶又称之为醒茶,便于茶叶内含物质的析出。

图3-31　高冲

图3-32　刮沫

图 3-33　淋壶

图 3-34　出汤

八、冲泡

　　同洗茶一样,刮沫,淋壶。将沸水以边冲边拉的方法高冲(图 3-35),
再以边冲边收的方法低冲,待开水溢出壶口时收水,并用壶盖刮去壶
口的泡沫(图 3-36),盖上盖子,再次淋壶(图 3-37)。用公道杯里的茶

汤淋去残留在壶上的泡沫,内外加温(图3-38),保持冲泡水温。沿逆时针方向温热杯盏后(图3-39),把品茗杯中的水,依次倒入茶船中(图3-40)。因第一泡茶的浸泡时间在40秒左右为宜,因此这一个过程要在40秒内完成。

图 3-35 高冲

图 3-36 刮沫

图 3-37　淋壶

图 3-38　内外加温

图 3-39 温杯

图 3-40 倒水

九、分茶

浸泡大约 40 秒后,将泡好的茶汤倒入公道杯(图 3-41),再将公道杯里的茶汤分别均匀斟入各个品茗杯中(图 3-42),每杯七至八分满。乌龙茶冲泡讲究高冲低斟。所谓高冲,就是把煮水器中的水倒入紫砂小壶中时,需要拉高水流,利用水的冲力使茶叶在壶中翻滚。当然冲泡到三泡以后,茶叶已经完全舒展开来,此时也不再适宜用高冲水了,因为水会四溢出来,不安全也不美观,而改用低冲水即可。所谓低斟,是指茶汤从紫砂壶倒入公道杯时,和倒入品茗杯时都应该采用低斟的方法,不适宜拉高紫砂壶。因为这样一方面会导致水温的降低,另一方面也会减少茶的香气,是非常可惜的。热闹有余而茶香不足。

图 3-41　出汤

图 3-42　分茶

十、奉茶

把品茗杯一一放入茶托之中，并双手奉送给客人（图3-43），并以伸掌礼示茶（图3-44），以示敬意。客人可先眼品观色，再鼻品闻香，最后口品尝味。品饮时，大都以三口为宜，并不是因为"品"字有三个口，而是要让我们的味蕾充分地感受茶之韵味。正如清朝袁枚在《随园食单·茶酒单》中所说："上口不忍遽咽，先嗅其香，再试其味，徐徐咀嚼而体贴之。果然清芬扑鼻，舌有余甘"。舌头各个部位对味道的敏锐程度其实是不一样的。我们的舌尖就对甜的味道极其敏感，舌头两侧则对酸的味道非常敏感，而对涩味很敏感的就是舌根了。小啜一口茶，让舌头在口中迅速地打圈，这样可以充分调动味蕾神经，以达到口齿生津，回味无穷的效果。

图3-43 奉茶

图3-44 伸掌礼

十一、净具

在冲泡过程中,为了提高壶温要不断地淋壶,因此茶船表面废水较多。在收具前,我们要先拭擦茶船表面(图 3-45),以方便整理茶具。中国人有着藏拙露巧之习俗,所以我们使用茶巾内侧来拭擦茶船,使用后再把湿的一面叠回内侧。

图 3-45　净具

十二、收具

把各个茶器具摆放至茶船之中(图 3-46)。

十三、行礼

行礼一为表示茶艺展示的结束,二为向客人再次致意,充分表达对客人的敬意。

图 3-46　收具

第四节　潮汕工夫茶茶艺呈现

潮汕人喝工夫茶,就像我们饿了要吃饭,渴了要喝水一般自然,是我国潮汕地区人们生活中的一件再平常不过的事情。潮汕人爱茶,把茶叶称之为茶米,很形象地表达了茶是潮汕人生活当中不可或缺的一部分,有潮汕人的地方就有工夫茶。

凤凰单丛是潮汕地区的特有名茶,主要产自潮州市的凤凰山上,其香气和滋味都非常独特,让人品饮之后便念念不忘。凤凰单丛的香型非常丰富,常见的有蜜兰香、芝兰香、黄枝香和玉桂香等。采茶和制茶均有着极大的讲究,一般午后才采茶,采下来的茶叶不过夜,当晚便加工制作。采茶时也有着严苛的规定,强光不采,雨天不采,雾水不采。

冲泡潮汕工夫茶以若琛瓯、孟臣罐、潮汕炉和玉书煨为茶室“四宝”,潮汕炉烧炭,以铜筷夹之无烟的橄榄炭,羽翎扇挥之以助燃。若琛瓯以“浅、小、薄、白”著称,古代正宗的若琛瓯产于江西景德镇,这是一种薄瓷的小口杯,小巧玲珑,小到半个乒乓球那么大,甚至可以把 3 只杯子叠在一起藏于口中。若琛瓯胎制极薄,人们都以薄如纸,白似雪来

形容它的精致。现在的若琛瓯有两种，一种是白瓷杯，另一种是紫砂杯，内壁贴白瓷。孟臣罐也逐渐发展为紫砂小壶和盖碗两种，但不管款式，色泽如何，最重要的是"壶宜小不宜大，宜浅不宜深"。小壶才能够更好地保留其韵味和香气，还真是浓缩的就是精品啊！在不断的发展演变当中，玉书煨和潮汕炉也逐渐被电茶壶所取代，更方便，也更加卫生和美观。

潮汕茶文化的精神核心在于"和"字，奉茶时把杯盏呈"品"字状摆放，并不是一人一只杯子，而是大家一起共用这三盏杯，喝一遍洗一次杯，和睦包容，不分你我。

冲泡凤凰单丛时，温杯有一个独特的手法叫"狮子滚绣球"，这是潮汕工夫茶茶艺中最有意思也是最富有艺术性的动作。把一只杯子竖着架在另一只杯上，用大拇指把住杯口，中指抵住杯底，食指自然悬空，用大拇指的力量向上转动杯子以清洗杯身，整个动作利落干脆，铿锵有力，寓意财源滚滚。温杯自右向左开始，依次温热杯身。左边这杯倒回至中间这杯，温杯后倒出。

潮汕工夫茶茶艺，既是一种茶艺，又是一种茶俗，潮汕人，也是我见过的最爱茶的人群之一，家家户户皆有茶具，上至耄耋下至及笄，提壶擎杯，长斟短酌，信手拈来，毫不拘于形式。

潮汕工夫茶是一种生活，更是一种精致。在和谐的生活氛围中从容不迫，恬静自在，但同时追求每个细节的完美与和谐，在小小的一盏茶中品味人生之美。

第五节　乌龙茶的盖碗冲泡茶艺呈现

盖碗泡茶，简便易学，方便优雅，用来冲泡乌龙茶，便于观色闻香，所以受到茶人的偏爱。和乌龙茶的紫砂壶泡法一样，用盖碗冲泡乌龙茶茶艺也主要有十三个步骤。

一、行礼

站式行礼时,躬身角度为 45° 左右;坐式行礼时,躬身角度为 20° 左右。

二、备具

用盖碗冲泡乌龙茶所需要的器具主要有:茶船、煮水器、奉茶盘、茶道具组、茶叶罐、茶托、品茗杯、盖碗、公道杯、滤网、赏茶盒、茶巾等。

三、候汤

将水煮沸,便于冲泡茶叶。

四、出具

把茶器具分别摆放到方便冲泡茶叶的位置。

五、温壶

将沸水注入盖碗,温热盖碗,随后将热水倒入公道杯,温热公道杯,再将公道杯中的热水分别倒入品茗杯。

六、投茶

根据品茗人的多少,选择盖碗的大小并投放适量的茶叶。一般 200 毫升的盖碗投茶量约为 10 克左右。

七、洗茶(浸润泡)

用沸水以高冲的方法迅速洗茶,使茶叶在盖碗中翻滚,起到了温润和舒展茶叶的作用,有利于茶叶香气的散发。用盖子轻轻刮去茶汤表面泡沫,再用开水淋去残留在盖子上的泡沫,盖好盖子。随后将茶汤倒入公道杯中,温热公道杯后,将茶汤倒掉。

八、冲泡

将沸水稍作降温,以边冲边拉的方法高冲,再以边冲边收的方法低冲,慢慢至开水满到碗口时,收水。用盖子在茶汤表面上轻轻转动刮去泡沫,再用开水淋去残留在盖子上的泡沫,盖好盖子。把品茗杯中的水温杯一圈后,依次倒入茶船中。

九、分茶

浸泡大约 30 秒,将泡好的茶汤倒入公道杯,再将公道杯里的茶汤分别均匀斟入各个品茗杯中。

十、奉茶

将盛有茶汤的品茗杯放在茶托上,双手奉送给客人,并以伸掌礼示茶,以示敬意。

十一、净具

用茶巾拭擦茶船表面,方便整理茶具。

十二、收具

把各个茶器具摆放至茶船之中。

十三、行礼

行礼一为表示茶艺展示的结束,二为向客人再次致意,充分表达对客人的敬意。

第六节　台式乌龙茶茶艺呈现

中国台湾产茶地区较多,盛产乌龙茶,从福建引入茶源,其冻顶乌龙、金萱乌龙、阿里山乌龙、东方美人等茶品久负盛名。"茶艺"一词也是最早出现在宝岛台湾,在20世纪70年代中期,全世界掀起了一场"中国热"的大潮,在茶艺呈现的过程中,人们融入我国优秀的历史传统文化,造就了大量具有民族文化亲切感的茶艺表达方式。台湾茶艺发展不过三十年的时间,茶文化已俨然变成了一种生活方式。

冲泡台湾高香乌龙茶时会选用双杯泡法,也就是搭配一个细细长长的,与品茗杯同一材质的口杯配套,唤作闻香杯,茶香保留时间较长,可达7秒钟之久,可以让品饮者尽情坑赏品味。台湾茶艺呈现最有趣的便是使用双杯泡法,让茶的香气和滋味发生碰撞,让品茗过程成为一场嗅觉与味觉的盛宴。

出汤时,先把茶汤倒入闻香杯中,再把品茗杯倒扣在上面,然后用食指和中指夹住闻香杯,拇指抵在品茗杯杯底,一起翻转过来。此时,茶汤依然在闻香杯之中。品饮时,先倾斜闻香杯,使茶汤流至品茗杯,再徐徐提起闻香杯,感受茶之香韵。接着再品饮香茗即可。

双杯法的来回翻转,有一个大气磅礴的名字叫"颠倒乾坤"。据说有一位台湾的爱茶之人,他的右手指不是很方便,所以他每天都会借助一些器具来练习。品茗杯与闻香杯便成了他最好的复健工具,边饮茶边复健,后来在一次茶会上,这一动作被借用,从此广为流传。

在台湾有一些地区冲泡茶叶时不使用公道杯和茶巾。出汤前,先把壶在茶船边缘轻刮,以拭擦壶底废水。这一步有一个非常好玩的名字叫"游山玩水"。出汤时直接倒入闻香杯之中,依次倒入杯中五分满后,巡回倒入杯中,茶壶似巡城之关羽,既形象,又生动,还道出了这一动作的连贯性,处处俱到,以免厚此薄彼,所以这一步叫"关公巡城"。随着茶在水中浸泡的时间增长,茶汤也会越来越浓郁,因此这留在茶壶中的最后几滴茶汤变成了茶之精华,最为浓郁,定要均匀分配,不然每一杯的茶汤滋味便会浓淡不一,这一步叫"韩信点兵"。"关公巡城"和"韩信

点兵"目的是使每盏茶汤浓度均匀一致,使色泽、滋味、香气尽量接近,做到平等待客,一视同仁。之后,像我们刚刚学过的方法一样,把品茗杯倒扣在上面,然后用食指和中指夹住闻香杯,拇指抵在品茗杯杯底,一起翻转过来,奉予客人。

台式乌龙茶,在冲泡过程中融入自身的情感,茶心依旧,茶艺无边,使人的心境融入这香茗世界,脱胎于潮州、闽南,形成了亲切自然的品茗形式。

第七节　红茶茶艺呈现

红茶属于全发酵茶类,红汤红叶,最有名的莫过于安徽的祁门红茶、云南的滇红、福建的正山小种和杭州的九曲红梅等。红茶与绿茶不同,绿茶对于存放的要求较高,而且往往会随着时间的增长而逐渐品质降低,然而红茶因其加工过程中发酵程度已经极高,因此能够在自然环境中保存很长时间且对品质没有任何影响,也就更加适应长途运输了。说不定,这也是红茶能够传到西方国家的原因之一。红茶产自中国,但却受到全世界人民的关注,成为世界之茶,更是很多国家人民日常生活当中必不可少的重要组成部分。中国人好饮清茶,感受茶之真香本味。而西方国家与国人饮茶习惯不同,善饮调饮茶,也就是在泡好的茶汤中加入调味品。

清饮红茶大都采用盖碗杯泡法冲泡,为了更好地欣赏汤色,往往使用内壁挂白瓷的盖碗。冲泡流程和用盖碗冲泡乌龙茶基本相似。水温控制在90℃左右。

红茶需不需要洗茶呢? 其实,需不需要洗茶,或者说是醒茶,是由茶叶的细嫩程度决定的。有一些极细嫩的红茶,比如说全是芽尖的金骏眉,因为原料非常细嫩,叶型完整,是不需要洗茶的。如果原料较为成熟,则推荐首泡洗茶,以方便茶叶的内含物质更好地析出。之前听说了一个很有意思的说法,说茶叶需不需要洗茶,是由其"颜值"决定的,颜值越高,就越不需要洗茶;相反,颜值越低,就越需要多洗两遍。这个说法很有意思,洗茶这个科学的冲泡手法,怎么和茶的颜值挂上钩了呢?

仔细想来,好像说的也没错。比如说绿茶,基本上都是很细嫩的芽头,或一芽一叶、一芽两叶,外观大都也都很漂亮,也就是所谓的颜值高了。冲泡这一类细嫩的高颜值茶,还真的不需要洗茶。相反,黑茶,比如说普洱茶、发酵比较重的乌龙茶等,这一类茶看起来往往都是黑黑丑丑的,又粗又老,颜值相对比较低,还真的就是需要洗茶的。用颜值来决定这样说好像也没错。另外,茶叶越粗老,叶型越卷曲、紧实,相应地,茶沫就会更多,也就越需要刮沫。利用科学合理的冲泡方式,找到最适合这款茶的器具、冲泡水温和冲泡技巧,方能体会到茶之甘醇喝茶。

第八节　普洱茶茶艺呈现

普洱茶属于黑茶类,是后发酵茶,原料是云南大叶种制成的晒青毛茶,本身独具陈香。一般认为,陈年的普洱其价值要高于当年新产的普洱茶,也有着"可以收藏的古董"之说。当然,凡事都有一个度,并不是说"越陈越香",一般存放 12 年至 17 年左右的老茶,在口感方面最润滑甘醇。

普洱茶分为生茶和熟茶两种,所谓生茶,是指茶叶采摘以后经自然的陈放,在日复一日的历练当中与空气逐渐氧化,叶片颜色越来越深,滋味也会越来越醇和,所以相应的茶性比较烈;所谓熟茶,是指经过人工催熟这一加工工艺,通过渥堆来使茶叶迅速发酵,所以相对而言比较温和。

冲泡普洱茶一般采用泡饮法和煮饮法两种,最是能体现普洱茶的厚、健、醇、和。闷泡法的过程和盖碗冲泡法或者紫砂小壶冲泡法相似,亦可用煮茶法来进行泡制。

煮茶的工具多以陶炉或铁壶为主,辅以一把带滤网的公道杯即可。煮茶之前可以先泡饮,等到几泡之后,茶淡味寡之时再继续煮饮;亦可洗茶后直接投入壶中煮饮。取 5 克左右普洱茶至盖碗中,洗茶后,倒入盛满凉水的铁壶中,静置煮沸。

很多人认可和喜欢铁壶,是因为它有山泉水效应。山水上,这山泉水是泡茶之首选,甘甜清澈,还含有微量的矿物质。用铁壶煮水也可以

释放出微量的二价铁离子，好像有异曲同工之妙，但并不是说用铁壶烧出来的水就是山泉水了，可至少我们心理上已经感受到了。

煮茶要煮多久呢？一般投茶几分钟，茶汤便已经发生了变化，但这并不意味着茶已经煮好了。要给普洱茶充分的时间与水相逢，让水唤醒茶，茶成就水。20分钟左右，明亮红浓的茶汤便可以出汤了。

品饮时，把壶里的茶汤倒入公道杯，然后一一倒入品茗杯之中。一般出汤不会完全倒完，只倒出茶汤的一半来喝，然后继续往壶内加入冷水煮沸。如此可以重复5至6次，回味无穷，让人欲罢不能。

或自斟自酌，或三两好友相邀，一盏普洱论古今，佳人对饮味犹真。

第九节　调饮茶茶艺呈现

在我国的饮茶习惯中，有清饮法和调饮法两种方式。清饮法也是我国汉族人民比较喜欢的一种饮茶方式。调饮茶，顾名思义，就是在茶汤的基础之上，加入其他的调味品，有食物型和加香型两种类型，大都会加入各种调味品，比如甜味的糖、蜂蜜，或是咸味的盐，抑或是果味等；也会加入一些营养品，比如奶类、豆子、橘皮等增加其营养成分。一样的茶，不一样的泡茶方式，喝出不一样的味道。国内的调饮主要流行于少数民族比较聚集的地区，其饮用方法具有强烈的民族性、地域性和时代性等特点。唐代文成公主下嫁吐蕃，她把汉族人民的清饮与藏族同胞的奶酪结合在一起，做成了既能填饱肚子，又能解渴解腻的奶茶，逐渐流行于西北地区，并传至周边国家和地区。而海上茶叶之路，又把我国的茶作为商品源源不断地运往国外，特别是英国，掀起了一阵全球饮茶之风。不过，不同的国家有着不同的风情和国情，也有着不同的品饮习惯。国外发达地区，特别是欧美地区，在品饮时比较注重营养性，他们用喝咖啡的习惯来喝茶，所以无论是喝哪款茶，都习惯性地会往里面加奶、加糖，比较喜欢偏甜的味道，加入的调味品也以牛奶、柠檬、蜂蜜、砂糖和酒为主。一般在泡饮时，先把茶叶放入壶中，用开水冲泡后，把茶汤倒入茶杯之中，然后加入适量的糖和牛奶，或是乳酪等其他调味品，一杯芳香可口的牛奶红茶就可以喝了。苏联人民酷爱甜食，他们也非常喜爱喝柠檬红茶和糖茶,特别是俄罗斯民族人民,饮茶时,常把茶烧得滚烫,加上很多的蜂蜜糖和柠檬片,一口下肚,这炫色灵动的茶味便绽放在口中了。而国外发展中国家又会略有不同,在品饮时就比较注重功能性了,我们也可称之为配料茶。通过在茶中添加各种干果、果仁以及可食用的中草药,目的是增加茶的保健功能。一般用作调饮的茶品,往往都会选择大叶种或品级比较低的茶叶。我们比较常看到的是印度红茶或斯里兰卡红茶。一般而言,最高等级的茶也都是用作清饮用的。而我们看到的市面上很多的奶茶,往往都是大宗红茶。为什么印度人特别喜欢喝奶茶呢?我以前想不通,以为只是一种生活习惯,后来通过走访、调研,喝了很多很多的印度红茶以后,我豁然开朗。因为树种本身的原因,印度红茶往往都是带有酸味的,比较涩口,清饮时,口感并不是那么好。通过奶和糖及其他物料的调饮,可以中和掉茶叶中的酸味和涩味,就像我小的时候,北方的水一般都比较硬,而且因为口味的原因,北方人普遍喜欢喝茉莉花茶,因其香可以中和水中的味道。调饮茶比较简单,也很好玩。一般而言没有必须的调制规定或原则,所加调料尢论是种类还是数量,都随饮者口味而定,方法也不尽相同。有人先泡好茶,后加入牛奶、蜂蜜等调味品;有人调好后放到冰箱中作为清凉饮料;有人把茶和酒混合;有人把茶和冰混合;有人把茶与调味品一起放在锅里煮;还有人把茶和各种清凉解暑的草药、花朵混煮,称之为凉茶,真是花样别出,别具风味。调饮茶更多元、更好玩、更自由、更轻松。比如美容养颜的水果和茶相遇,会起什么样的化学反应呢?比如让茶和酒发生碰撞,到底是茶更胜一筹,还是酒棋高一着呢?比如西方人比较喜欢的茶和奶的融合,哪种茶更好呢?加入什么样的奶更配呢?比如当茶和冰在一起时,到底是热茶温暖融化了冰,还是冰改变了茶呢?再比如,我们都知道,菊花清热解毒,那是不是所有的人都能喝呢?不同的体质,不同时期的身体状况,不同的心情下,可以调配不同的茶品吗?所有的花草食物中,不管凉性、热性,都可以加入茶,做成调饮吗?茶是可以和养生挂上钩的吗?调饮茶可以做艺术创作吗?让我们一起走入调饮茶的世界,打开一种有趣的饮茶方式,让传统和时尚碰撞出奇妙的火花。

一、以水果入茶

柠檬、鲜果、冰镇汽水、冰激凌,想到这些是不是就想起了夏天的味道？炎热的夏季，亲手调制一款色彩缤纷的水果调饮茶，为这个火辣辣的夏季增添一丝健康的甜意，一份浪漫的色彩。柠檬是夏天调饮茶的首选。青涩中夹杂微苦，清新沁人。与茶搭配，养眼又百搭。柠檬在杯中散发着缕缕清香，既排毒又解渴，是一天清爽的开始。推荐一款以柠檬搭配各种水果制作的清凉水果调饮茶，名曰"缤纷夏日"。选用老丛红茶3克、柠檬1只、苹果1个、雪梨1个、金桔3颗、草莓4颗、血橙1个和蜂蜜若干，用养生壶来煮饮。当然，水果可以随意更换，以当季水果为宜，也可以按照个人喜好随意搭配。首先往养生壶里倒入约1升的纯净水，把红茶装进滤网中煮沸差不多5分钟。煮沸后5分钟就可以关火把盖子打开稍微凉一下水温。在煮茶的过程中，把所用水果洗净切块，柠檬要切成片以备用。等水温稍微凉下来一些，把切好的水果全部倒入茶水里浸泡。因为太高的温度会使水果丢失维生素，所以给5分钟时间，让水果与茶的滋味充分融合。待水果茶已经凉下来，即可根据口感适度调入蜂蜜，这杯美味的水果茶就可以享用了。特别需要注意的是，过高的水温会破坏蜂蜜中的营养成分，所以蜂蜜要等到水果茶自然降温到不烫手的时候再加入。最后，我们发挥创造性和想象力，把茶倒入杯子当中，摆个盘。这杯漂亮、营养又美味的水果茶就做好了。

　　冷泡茶是现在夏天饮茶的一个潮流。冷泡茶也可以和水果一起浸泡成美妙的水果茶。水果采用营养成分非常高的百香果，所以这款茶取了一个名字叫"一个就好"。需要准备：百香果一个、绿茶3克、白砂糖适量，再给它做个奶盖，用淡奶油100毫升、牛奶25毫升、白砂糖和盐适量、百香果洗净、刨开，取果肉放入杯底，加入同等量白砂糖腌制一下。用冷的矿泉水来冲泡绿茶，然后用保鲜膜把杯子封口。把两只杯子放在冰箱里冷藏过一夜。第二天，我们把浸泡好的果肉和茶水取出，先把果肉放在杯底，接着把冷萃的茶水倒入杯中搅拌均匀。可以做个奶盖增加其口感和美感。把淡奶油、牛奶、适量的白砂糖、一点点盐混合打发到5至6分发。待奶呈现缓慢流动的状态时，把它倒入果茶中，最后加一片薄荷叶点缀一下，这种水果冷泡茶非常方便，水果也可以任意调整，比如桃子、芒果、荔枝等。一般酸性水果，我比较喜欢搭配绿茶；甜的水果搭配红茶。水果果肉与糖按照1：1的方式腌一晚上。水果比例不要超过茶水的1/3，不喜欢太甜的朋友也可以不要奶盖，口感根据个人喜爱调整即可。这款冷泡水果茶制作非常简单、快捷又好喝，在炎热的夏季给你一个透心凉。

梨是清肺、润肺、降火清心之首选。制作一款保护眼睛又降火的水果茶"润肺达人",给自己的身心放个假。首先要准备雪梨一个、杭白菊3朵、枸杞8颗、冰糖若干,将梨洗干净,切成小块后,放入茶壶中或杯底,再加入菊花、枸杞和冰糖,冲入沸水,等候10分钟就可以喝了。这样一款清凉解暑茶就做好了。在切梨的时候,尽量把梨切成小块,这样梨内部的甘甜汁水可以更好地浸泡出来。水温要足够高,最好是现烧的沸水。至于冰糖,可放可不放,随个人口感决定。

以水果入茶的调饮茶制作好后,最好当天喝完。如果实在喝不完,在冰箱冷藏最多可以放24小时,新鲜又好玩。

二、以酒入茶

茶可清心,酒能乱性。茶温和包容,酒浓烈刺激,两种看起来各不相干、截然不同的饮料一经相遇,会不会有火星撞地球一般的爆发感? 强烈的好奇心驱使我不走传统路线,想制作出一款既有茶香又有酒香的饮料,以酒入茶。不是所有的茶和酒都合得来的。茶叶本身略带涩味,若是和太浓烈的酒调和,会显得不伦不类。所以一些比较甜的酒加入茶以后,会中和掉比较甜腻的感觉,好像让这一杯甜酒增添了些沧桑感,变成了一杯有故事的酒。

推荐一款以酒入茶的小清新调饮茶——"田园春色"。制作这款茶需要准备2克抹茶,20毫升朗姆酒和一个苹果,少许冰糖。首先,用热水冲泡一杯抹茶。可以直接冲泡,我更倾向于用茶筅击拂,这样茶汤口感更细腻。把抹茶过滤后,倒入调酒器。冰糖两粒,碾碎后放入调酒器。接着把清洗后的苹果切成块状后,用硬棒压碎过滤后,获取新鲜苹果汁,倒入调酒器。最后将朗姆酒倒入,加入碎冰摇匀。抹茶略带涩意而清淡的气息和朗姆酒充分调和,新鲜甜爽的苹果汁也冲淡了些许酒的感觉,最后那一点点甜意,真是甜入心扉,回味无穷。

"立秋"也是一款以酒入茶的调饮茶。需要准备的材料有:红茶3克、柠檬一个、威士忌20毫升、蜂蜜若干、冰块若干。首先需要冲泡红茶。接着,把苹果汁倒入摇壶,放入冰块2块、威士忌、柠檬汁、蜂蜜、茶汤,开始摇晃摇壶。摇晃均匀后倒入杯中,造型装饰即可。以酒入茶可以使茶更甘醇,香气更芬芳,也可使原本刚烈的美酒变得温纯,显露其温柔一面。那飘忽的口感的确与众不同。

三、以奶入茶

奶茶是牛奶和红茶的混合饮品。我国北方游牧民族好饮奶茶,既有了牛奶的营养成分和热量,又补充了茶里的各种维生素等有益物质,好喝又营养,于元朝时期就传遍了世界各地,被大家广为接受。奶茶的制作流程非常的简单,和咖啡一样。泡上茶,倒入奶,加入糖,也就好了。这也是流行于欧美的一种饮茶方式。非常浓郁的奶茶是需要煮饮的。推荐一款手工煮奶茶。需要准备的是:正山小种红茶3克、鲜牛奶250毫升、白砂糖若干。容器可以用养生壶或家用的锅,效果都一样。往锅中倒入牛奶,并将茶叶倒进牛奶中一起煮。起初,茶叶会浮在牛奶上,但不要着急,随着茶叶绽放开来,它自己会浸入牛奶中的。为了使茶叶的味道完全散发出来,这个过程中需要用一支木棒上下碾压茶叶,这样可以使奶与茶的味道充分融合,更为浓郁。如果喜欢奶味重,就少煮些时间;如果喜欢茶味重,就多碾些时间。我觉得,制作调饮茶不像烘焙,无所谓成功与否,只要合适自己口味就行。苦了,加糖;茶味重了,加奶;奶味重了,加茶;觉得太腻,加水,自行调节就好。这个过程有点像和面,面软了加面,面硬了加水,调到自己喜欢的状态就好。关火出锅后,加入白砂糖搅拌均匀,用滤网过滤后,把奶茶倒入杯中,可以稍做装饰。

当然奶茶不一定都要煮,泡出来的奶茶也是很好喝的。推荐一款泡饮式的调饮奶茶。将牛奶放入锅中加热,并放入适量白砂糖,搅匀。闷泡红茶,接着把牛奶倒入杯中,打出适当奶泡。取奥利奥饼干的黑色饼干,把中间太过甜腻的奶油夹心去掉,然后把饼干捣碎。把奶泡倒入杯中,将泡好的红茶沿杯壁缓缓倒入牛奶中,上面撒上奥利奥碎末,再种上一颗薄荷叶,一杯香浓漂亮又有层次的奶茶,就调制好了。冲泡奶茶的茶品推荐用正山小种。味道浓郁,香气持久,且没有分离感。用这样的方式,给自己和家人一份健康和温馨。

四、以冰入茶

起源于台湾台中市的泡沫茶,是20世纪80年代,由台湾人刘汉介在国外旅游时,受雪克杯调酒和冰咖啡制作的启发茅塞顿开发明的。他发现,将各种原料和茶调和,加入冰块,因茶叶中含有皂素,经过震荡摇晃,茶汤可以产生泡沫,这称之为泡沫茶。以冰入茶,经过调制的茶汤更幽远,口感非常奇妙。泡沫茶又好喝又时尚,一经问世,便深受年轻人的喜爱。制作这种味道独特又十分健康的调饮茶泡沫红茶所需要的材料是:红茶 5 克、冰块若干、可可粉 2 勺、蜂蜜若干,要用到的器具是摇壶。我们先在锅中倒入 200 毫升水闷煮红茶。5 分钟待茶汤自然冷却即可。接下来,先在调酒壶里倒入冰块,1/3 壶即可,加入 2 勺可可粉、2 勺蜂蜜,要注意顺序。可以根据个人的喜好,适当地再增加一点点白砂糖。而后把冷却的茶汤加入摇壶内,盖上摇壶的盖子,迅速上下摇晃差不多摇 1 分钟左右,泡沫就很丰富了。再点缀一下,这自然透心凉的泡沫红茶就做好了。

还有一款抹茶薄荷冰茶,将凉爽进行到底,需要准备的是:抹茶粉 3 克、器具、青柠檬 1 只、冰块若干、新鲜薄荷叶 2 片、糖或蜂蜜若干。在茶盏中放入抹茶粉,把青柠檬洗净切开备用。冰块放入调酒壶中,白砂糖或者蜂蜜,加一点青柠汁和少许薄荷叶,把冷却的茶汤均匀摇晃 30 下左右。

五、养生八宝茶

八宝茶又称为三泡茶,是在茶叶的基础上,增加了红枣、核桃仁、桂圆肉、枸杞、葡萄干和白砂糖等配料,既满足了人们日常品饮的基本需求,又增加了营养成分,香甜可口。在历史的演变过程中,最为西北地区的人们所喜欢,在民间广为流传。在唐朝时期,八宝茶开始出现,直至清代,因为人们对于养生的概念非常推崇,因此上至宫廷下至民间都开始流行喝八宝茶,以强身健体、增加营养。而且因为八宝茶味道香甜可口,又没有副作用,还方便服用,因此深受大众喜爱。所谓三炮台,其实也就是我们常用的三才杯——盖碗,西北人称之为三炮台。这盖碗泡出来的八宝茶,香香甜甜的,解渴又美味,喝起来非常的舒服,还可以根据个人口味添加冰糖或其他材料。回族人热情好客,待客必用滚开的沸水。八宝茶要趁热喝,左手拿茶托,可避免烫手,右手用茶盖刮一刮茶面,使茶料上下翻滚,营养成分充分进入茶水中,并且可拨开茶叶,便于品尝。喝八宝茶不能一饮而尽,应该端起来慢慢地一小口一小口地品尝。如果喝完一碗还想喝,就不要把碗底喝净,主人会继续给你添水。如果已经喝够了,就把碗底喝干,捂一下碗口,或者把碗里的桂圆、枣子吃掉,主人就不会继续给你添水了。喝茶,喝的是滋味和爽快,能品透一盏茶的鲜爽活,又能够延年益寿,好不惬意。一起来泡一盏健康养生又美味的八宝茶吧。我们取:绿茶、冰糖、红枣、山楂片、核桃仁、桂圆、肉枸杞、葡萄干、菊花一起来冲泡。为了让茶汤更入味,在冲泡时红枣最好撕几个口子,桂圆打开,取桂圆肉,温杯后,先放冰糖,然后把配料依次放入,用中投法摇香,以使茶叶和各种配料更好地析出滋味。最后高冲,静置两分钟就可以享受这种惬意了。慢慢地你会发现,每喝一口,茶汤的味道都不同。茶汤里的每种配料析出内涵物质和滋味的时间皆不相同,因此味道也别具一格。这也像极了人生,在不同的阶段,绽放出不同的色彩。

第四章

中华茶礼仪

　　客来敬茶历来就是我国传统的民俗,早在3000多年前的周朝,茶叶就被作为礼品和贡品,借茶行礼,以传达人们相互之间的敬意。而茶礼仪,则是中华民族的魂,是中华茶文化的精神之所在。通过敬茶,以茶敬礼,表达的是一种关心,是一种问候,更是一种礼仪与美德。茶无贵贱,以好茶为礼,物小但情真。到两晋、南北朝时,客来人往,沏茶、敬茶是必不可少的,客来敬茶已经成为人际交往的社交礼仪。唐代颜真卿《春夜啜茶联句》中有"泛花邀坐客,代饮引清言"。宋代诗人也曾有"寒夜客来茶当酒,竹炉汤沸火初红,一杯春露暂留客,两腋清风几欲仙"的美好诗句。

　　茶,素有清香、平和、谦逊、平淡的本质,在中国很多优良的传统中,客来敬茶便是每一个中国人都知道的礼节。茶是一个美好的事物,人有人品,茶有茶德。茶人应重视品德修养。修身养性,以茶悟道。现代茶学大师庄晚芳先生提出,中国茶文化内涵应遵循四个字:"廉、美、和、敬"。所谓廉,指勤俭育德,清正廉明;所谓美,指陶冶情操,修身养性;所谓和,指心地善良,平和包容;所谓敬,指互相尊重,以礼相待。中华茶文化,融儒、释、道三家哲学思想于一体,以和为贵,返璞归真,自然纯真,简单真诚,在茶文化的传播中也呈现了社会的价值所在。

第一节　中华茶礼仪

　　我国最早开始以茶论道是在唐朝时期，饮茶不仅满足了人们的生理需求，而一跃成为能够满足人们心理需求的修身养性之道。唐朝《封氏闻见记》中有记载："又因鸿渐之论，广润色之，于是茶道大行，王公朝士无不饮者"。这是现存中对茶道最早的记载。茶之为道，可以强身健体，可以表达敬意，可以陶冶情操，可以淡泊明志，亦可以完善自我。茶禅一味，唐朝寺院的僧侣们在坐禅念经之时无不是以茶为饮，清心养神，提神醒脑。唐时的茶宴已经颇为流行，以茶代酒，品茗赏景，主宾尽欢，各抒胸襟。唐宋年间，人们对茶事那是极其讲究的，无论是饮茶的环境、礼节还是煮饮方式、进茶流程等方面都有着极高的要求，形成了唐时进茶的茶礼仪。当时的茶宴也已经出现了宫廷茶宴（图4-1）、寺院茶宴和文人茶宴（图4-2）之分，茶不仅成为一味提神醒脑的饮料，更是一种修身养性的载体，承载了一定的社会功能。

图4-1　唐代宫廷茶宴

　　宋徽宗赵佶就是一个饮茶的爱好者，他认为茶的芬芳品味，能使人闲和宁静、趣味无穷："至若茶质为物，擅瓯闽之秀气，钟山川之灵禀，祛襟涤滞，至清导和，则非庸人孺子可得知矣。中澹闲洁，韵高致静……"

图 4-2 文人茶宴——宋徽宗赵佶《文会图》

中国茶道流传至国外,乃是和当时繁盛的佛法休戚相关。南宋绍熙二年(公元 1191 年)时,正是我国佛法盛行之时,日本僧人荣西在我国参学佛法,茶禅一味了然于心,学成后也便将这茶种和饮茶方式一并带回日本,从此日本有了茶。60 多年后,日本南浦昭明禅师于公元 1259 年来到我国浙江省余杭县的径山寺交流佛法,交流了该寺院的茶宴仪程,首次将中国的茶道引进日本,成为中国茶道在日本最早的传播者。日本《类聚名物考》对此有明确记载:"茶道之起,在正元中筑前崇福寺开山南浦昭明由宋穿入"。日本《本朝高僧传》也有:"南浦昭明由宋归国,把茶台子、茶道具一式带到崇福寺"的记述。日本茶道真正大行是到了丰臣秀吉时代(公元 1536—1598 年)千利休大举茶道大旗,把和、敬、清、寂定为日本茶道的核心内涵和茶道精神,但与之相关的仪式流程和泡饮手法等均承传于中国,显然也是深受我国茶道影响的。

中国的茶道属于东方文化,重精神,轻形式,更多的是依靠个体感知去顿悟,去理解,去贴近,且具有个体差异性。中国茶道讲究茶修身养性的仪式规范,尊崇森严的等级制度,并且开始窥探茶的自然属性和社会属性,探求人类健康的真谛,以茶入点,以茶佐点,大胆地利用茶的药用价值,结合了茶与中药或其他材料,使茶具有更高的实际价值和保健价值,获得了极大的发展空间。

吴觉农先生是我国现代茶业的奠基人,他把茶视为是一种珍贵且高尚的饮料,喝茶不仅是一种生理需要,更是一种艺术,一种精神上的享受,一种修身养性的手段和方法。庄晚芳先生强调茶道的仪式感,饮茶的过程也是对人们进行礼法教育和道德修养的过程,提出茶道的"廉、美、和、敬",也就是廉俭育德,美真康乐,和诚处世和敬爱为人。陈香白先生认为中国茶道的核心内涵在于一个"和"字,无论是茶艺、茶礼、茶德、茶情、茶理、茶学还是茶道指引,无不突显了茶道之和,通过茶事的过程,引导个体在美的享受中完善品格,提高修养,以达到和谐安乐之道。周作人先生属于乐天派,把茶道形容为忙里偷闲、苦中作乐的解脱,在不完美中感受美与和谐,在刹那间体会永恒。谷川激三先生提出茶道的艺术形态包含艺术、社交、礼仪和修行四个因素,是东方文化之精粹,使思想和生活文化深度结合,彻悟人生之路。茶道是茶至心之路,亦是心至茶之路。中国的茶之所以能够收获各个阶层人士的青睐,上至耄耋,下至及笄,其简朴、生态、淡雅、平和的本性与中华民族的谦和、好客、真诚、勤俭相辅相成。以茶来养性,以茶来联谊,以茶来传情,以茶来育德,茶是陶冶情操、美化生活的不二选择,是中华民族伟大复兴的精神食粮。

第二节　茶主人礼仪

在我国,客来敬茶已是社交生活和家庭生活的普遍礼仪,奉出去的是一盏茶,赠予的却是深深地关心与问候。中国是礼仪之邦,在我们每天的生活中,都离不开礼,而在我们的茶艺表演中,礼则显得尤为重要。客来敬茶,一是为客人洗尘,二是对客人表示致敬,三是与客人交流叙谈,四是与客人同乐,五是与客人互爱,六是与客人相互祝愿。客来敬茶早已是中华民族的传统礼仪和生活习俗,也是人们日常生活中表达相互敬意和关爱的一种最直接的表达方式。可见茶与礼仪已紧紧相连,密不可分。对美的追求也是茶礼仪的追求,茶主人作为一席茶席的呈现者,在各个细节上也应体现出礼节和尊重。茶艺师作为茶艺的呈现者,应当处处都体现着美丽。

一、仪表美

（一）形体美

人在茶席中，一举手一投足，无不流露出礼的表达，有时甚至不说不动，单就从其体态表达上，我们也依然能够感受到茶主人的欢迎和尊重。应该说，体态美是一种极富魅力和感染力的美，它能使人在动静之中展现出人的气质、修养、品格和内在的美，传达着茶席对美的诠释。

1. 优雅的站姿

站在茶席中，男士要刚毅洒脱，如雪松般挺拔；女士则应秀雅优美，亭亭玉立。标准的站姿可通过以下几个方面来练习。

（1）身体重心自然垂直，从头至脚有一线直的感觉，取重心于两脚之间，不左右偏移。

（2）头部自然摆正，目视前方，面带微笑，嘴角微闭，自然上翘略收下颌，面容自然友善。

（3）提气沉肩，自然放松，重心向上，较有精神气。

（4）躯干挺直，挺胸，收腹，立腰。

（5）女士双手自然下垂，在小腹处双手交叉，右手在上，左手在下，虎口相交；男士双臂自然下垂于身体两侧，两手轻握，自然放松。

（6）双腿并拢直立，双脚呈小八字站立，双脚脚后跟靠拢，双脚脚尖呈45°夹角，身体重心在两脚之间。

2. 端正的坐姿

端正的坐姿是建立在良好的站姿基础上的。坐在茶席中，依然要挺拔舒展，大方端正，给人以安详舒适之感。入座时要轻、稳、缓，若是裙装，应用手将裙子稍稍拢一下，不要待坐下后再拉拽衣裙，会有不雅之感。一般而言，入座需从椅子的左边入座，同样也从椅子的左侧离座。茶席中的标准坐姿则可通过以下几个方面来练习。

（1）落座椅子上，上半身自然挺直，立腰挺胸。

（2）与站姿一样保持面容平和自然，面带微笑。

（3）双肩平正放松，女士双手虎口相交，右手在上放置面前的桌上；男士双手轻轻握拳，与肩同宽，比肩略宽，自然放置于前方桌上或是大

腿上。

（4）客人入座，女士可采用正坐坐姿，双膝、双脚自然并拢，双手交握，右手在上，放置在双腿的大腿内侧；男士可双手轻搭在座椅扶手上，或半握拳放置在大腿上。

（5）双腿正放，男士双脚与肩同宽，比肩略宽，双脚呈小八字步以显自然洒脱之美。

（6）落座时，应坐椅子的前2/3处，若是宽沙发，则可以坐前1/2，这样可以保持上半身自然挺立。

（7）饮茶过程中若是需要交谈，可把身体略微转向对方，在保持身体挺拔的同时不卑不亢，有礼有节。

有一些茶席以地为席，需要席地而坐，一般男性双腿盘腿而坐，上半身依然保持直立，双手半握拳搭于两膝处；女性则以跪坐为主，双腿双膝自然并拢，双脚脚背紧贴地面，臀部坐在双脚脚后跟上，同时上半身保持挺直，双手交握，右手在上，放置于大腿内侧。

3. 稳健的走姿

稳健优美的走姿可以使茶席产生一种动态美。标准的走姿是以站立姿态为基础，挺胸、抬头、收腹，保持身体立直，髋关节带动大腿，大腿带动小腿，轻柔自然，大方优雅，面带微笑。行走时，身体要平稳，两肩不要左右摇摆晃动或不动，两臂自然摆动，人要保持挺立，不能弯腰驼背，步伐要稳健有力，脚步要轻，脚跟和脚尖落地时呈一条直线，尽量避免内八字或外八字，节奏明快轻松，有韵律感，不歪七扭八，不拖泥带水。要掌控好步伐节奏，可快可慢，但遇事最多快走而不可奔跑。茶主人在茶艺呈现或奉茶时行走，要如风一般，女士两脚间距约23厘米，步频以118步/分钟为宜；男士两脚间距约28厘米，步频以100步/分钟为宜。若在客人侧边行走，应站于客人左侧前后。若向右转弯时应右足先行，反之亦然。若需后退，应先后退两三步后再转身，以免臀部直接朝向客人。

4. 挺拔的跪姿

由于茶席的特殊性，有时需要用到跪姿。中国古代通过跪来表达最高的礼节，若要坐，多半也是席地而坐。这种坐姿和现在的跪姿极为相似，都是双膝着地，双脚脚面朝下，紧贴地面，身体重心放在双脚的脚后跟上。如果上身挺直,这种坐姿叫长跪。虽然都是跪姿,但古时只是一种普通的坐姿而已,并没有伴随卑贱和屈辱之意。

茶席中的跪坐,沿袭了古人的传统礼仪。一般的跪姿都是双膝着地并拢与头同在一线,上身(腰以上)直立,同时要把脚背弯下去贴在地上,臀部完全坐在脚后跟上。双手自然握拳,垂放于两膝之上,挺直腰背,目视前方,面容平和友善。男士在跪坐时亦可把双膝分开,与肩同宽,比肩略宽,或是采用盘腿坐的方式落座。

5.茶席的主人应适当修饰仪表

与茶席直接接触的是茶主人的双手,无论男性还是女性,都要保持手的清洁,指甲修短整齐。服饰的整洁也非常重要,特别要保持领口与袖口的平整与清洁。

女性可以化淡妆,以示尊重,但切忌浓妆艳抹,否则失了分寸,也折了彼此间的尊重。因为茶性易染,我们身上的味道极易影响茶叶的香气,因此茶主人身上万不可有过于浓烈的香气,比如香水、护手霜或是洗发膏、沐浴乳等香气。要做到礼仪周全,举止端庄。

(二)发型美

原则上要根据自己的脸型,选择适合自己气质的发型,不染色,应给人一种很干净、舒适、整洁、大方的感觉。长发应束发,短发应梳于耳后,操作时头发不得挡住视线。男性虽然不需要过多地修饰,但最起码的整洁是必不可少的。不建议蓄胡须,建议剪短发,以容易整理的发型为佳。

(三)服饰美

在展示茶席时选用某些相宜的饰品可以美化仪表,但是建议手上不必佩带任何首饰,而其他饰品也应与茶席所体现的风格相符合,不宜过于闪亮或夸张,而使客人的关注点从茶席被影响至饰品上。服饰的选择应与茶席主题相契合,颜色淡雅,款式以中式为宜,袖口不宜过宽,谨遵服饰礼仪的 TOP 原则(T——Time; O——Occasion; P——Place)。

二、风度美

风度美表现了一个人的性格气质、修养情操和生活习惯的综合体现,是一种无声的社交和沟通。泡茶过程中,我们极易观察到一个人的个性和风度。茶主人行茶动作应谦和、流畅、准确、优美。风度美是神情和风韵的综合反映。

人的表情很微妙,每一个面部肌肉的变化都能呈现出他的内心所想,对人的语言起着解释、澄清、纠正和强化的作用。在茶席中,应该保持平和淡雅、宁静端庄的神情,茶主人则要求表情自然、典雅、庄重,眼睑与眉毛要保持自然的舒展。

（一）眼神

人的眼神是不会骗人的。眼神这种无声的语言,虽没有语言表达来的直接和高效,但却有语言难以表达的情感和含义,直击内心。在泡茶过程中,茶主人要始终保持亲切和蔼、真诚专注的眼神,特别是在与客交流时,要时刻注视着对方的眼睛,这既是一种礼貌,又能帮助我们表达内心所想,传递内心所达,营造良好的谈话氛围。当然,凡事都有个度,注视对方的眼睛并不意味着要始终盯着对方,或是长时间注视对方的某一位置,要适时地多方面关注,以营造一种心理放松,自然惬意之感,从而更加享受茶席的美好。如果是在茶席中进行表演,则应神光内敛,眼观鼻,鼻观心,或目视虚空、目光笼罩全场,切忌表情紧张、左顾右盼、眼神不定。

（二）微笑

微笑与茶一样,带着亲和力而来。俗话说伸手不打笑脸人,微笑是一剂良药,是社交场合中最具吸引力,也是最令人愉悦的面部表情,对语言和动作起到辅助作用。在茶席中,微笑可以传递真诚友善、和谐融洽、谦和包容等美好的感情因素,而且还反映了茶主人的自信与涵养。巧笑情兮,美目盼兮。微笑让人亲切、温暖、放松,是一种无形中的吸引力,打动人心,传递着我们的善意。

美丽的微笑是亲切自然的,是文雅适度的,是符合规范的。诚于中而形于外、表里如一、真诚善良、谦和包容的微笑是发自内心的,假意奉承的微笑只会让对方离你越来越远。

微笑是人的五官肌肉综合协调以呈现的表情。发自内心的微笑,会自然调动人的五官:眼睛略眯起、有神,眉毛上扬并稍弯,鼻翼张开,脸肌收拢,嘴角上翘。眼到、眉到、嘴到,你的微笑才会亲切温暖,直击人心。眼中含笑,口眼结合是训练微笑很好的方式,通过五官的协调动作,带动微笑,逐渐养成微笑的习惯。

三、语言美

在茶席展示的过程中,茶主人还需要通过语言来进一步说明与表现自己的作品,并与客人进行良好的沟通与交流。好语一句三冬暖,恶语一句三伏寒,语言是一门艺术,语言也是个人礼仪的重要组成部分。

首先,语音、语调、语速和音量是构成语言生动效果的要素,它们之间的万千组合,能够为语言魅力增添光彩。在茶席中发言,声音大小要适宜,对音量的控制要视茶席所在环境以及听众人数的多少而定。同时,根据不同的场景应当使用不同的语速,而速度平和适中则可以给人留下稳健的印象,也比较符合茶席作品的气质。根据内容表达的需要,还应恰当地把握自己的语调,形成有起有伏、抑扬顿挫的效果。语言的表达要清晰明了,简洁有力。语言表达应该思路清晰,为了避免产生歧义,不该省略的主语或代称不要随便省略,以免张冠李戴,词不达意。

其次,在茶席中要使用得体的称呼,称呼客人用敬称,称呼自己用谦称。敬称有多种形式。可以从辈分上尊称对方,以对方的职业相称,以对方的职务相称等。尊称长辈,可在其姓氏前加“老”字,或是在姓氏后加“老”字,以彰显对对方的尊敬;同样,对小辈,也可以在其姓氏前加“小”,以示亲切。熟人之间直呼其名或省略其姓氏,也会显得格外亲切。

再次,使用礼貌用语要养成习惯,把“请问”“谢谢”“对不起”挂在嘴边,用“我们”来代替“我”,说话做事谦和有礼。如果与客人初次见面可说“久仰”;而很久不见则可说“久违”;如果要请客人对茶席进行指点和批评应该说“指教”;而在茶水服务中打断了客人的谈话应该说“打扰”;如果需要请客人代劳可以说“拜托”等。

待客时应有五声,即:客来有迎声,落座有招呼声,张口致谢声,时时致歉声,客走有送声。话有三说,巧说为妙。说话是一门语言艺术,语言表达是一种能力。良好的沟通可以使人浑身舒适,心情大好,信息接收能力也就增强了。不夸大其词也不含糊其辞,语言准确,吐字清晰,信息传递更为直接;抑扬顿挫,娓娓道来,诙谐幽默,真诚自然,若是声音再柔和悦耳,那真可是极其舒适享受了。为了更好地表达内心所想,

我们也可以增加一些手势、眼神或面部表情等,帮助我们更好地传递情绪,让人感到情真意切。

四、心灵美

心灵美是核心之美,往往通过恭敬的言语和优雅的动作体现。心灵美的核心就是善。仁、义、礼、智、信即为善;恻隐之心、善恶之心、辞让之心、是非之心、爱国之心亦为善。儒家对"仁"的理解有三个层次,即:人爱——爱人——爱己。爱人定要爱己,是对自己人格的自尊、自信、自爱,是仁的最高境界。自爱却不自私,从客人的角度出发,一切为客人着想,这才是最美丽的心灵之美。具体表现在茶席的设计中,无论是茶席的主题、选择茶品与茶具、搭配茶水与茶食、挑选的音乐与服装,甚至视觉的着眼角度都应以客人为主,审视每一个细节,使我们所展示的茶席真正达到"宾至如归"的礼仪境界。

五、细节美

在茶席的布置中,对礼仪的要求渗透进了每一个细枝末节。

茶礼仪讲究便人就是便己。比如奉茶时,如果是一般的口杯,我们用双手握杯底奉茶;如果是带柄的会议杯,因为人一般是右手持柄,因此为了方便别人,我们在奉茶时把柄朝向我们的左侧,换言之是朝向客人的右方,这样便于客人接杯用茶。给人方便便是给己方便。

茶礼仪讲究细节。比如在斟茶时应遵循"浅茶满酒""茶满欺人、酒满敬人"等古训,一般斟七分满即可,寓意"七分茶,三分情",表示对客人的敬意和友情。比如在所有的茶艺展示中,我们均以逆时针回旋的手法,类似于招呼手势,寓意"来、来、来"表示欢迎。反之则变成"去、去、去"了,暗指送客。

茶礼仪讲究不可将壶嘴朝向客人,因为壶嘴对客为茶礼禁忌,一般用来表示请客人离开。儒家的礼仪典籍《礼记·少仪》中清楚地写道:"尊壶者,面其鼻。"此为敬客之意。鼻,柄也。壶嘴与壶柄前后相对,如以柄向客,表示以客为尊;若是相反,以嘴向客,则表示以客为卑,请客人速速离开之意。所以在布置茶席时不能以壶嘴对客。

茶礼仪讲究一盏配一托,茶托是必不可少的。相传最早的茶托是由一个聪明的女孩发明的。唐朝时期,西川有一位节度使叫崔宁,他的女儿以蜡做成圈,把茶盏固定在盘中圈蜡的位置,这便是茶托的雏形。慢慢地,蜡制茶托逐渐演变为瓷质茶托,这就是后来常见的茶托,也有被称为"茶船子"。《周礼》中也常常见到"舟",是指盛放杯樽一类的小碟子,原来"舟船"之称古已有之。从实用性来理解,茶托既可以使茶杯或茶盏摆放更稳,又能避免茶水泼洒在茶席上留下污渍,是比较具体的礼仪行为。

人在茶席中,切忌莽撞行事,无论是取放、传递物品还是布置茶席或是行茶过程,都要尽量舒缓,并使用双手,这于礼节、于稳妥、于美观,都是必须的。在女性行茶时,对于很多适合单手完成的动作,尽量将另一只手轻搭在主动手的手腕处,这样一方面考虑到了礼仪的要求,另一方面也会显得比较优雅。茶具要轻拿轻放,特别要避免茶具中的水洒漏出来,若是将茶席或客人的衣服溅湿,则是在礼仪上的重大失误。行茶的动作要轻灵、连绵、圆合。

茶席中的手势运用也要适度和规范。与客交流时,手势应含蓄有礼,给人一种优雅、舒适的感觉。比如谈及自己的时候,不要用大拇指指向自己,以免给人狂傲之感;谈到别人的时候,不要用手指指点他人,用手指指点他人的手势是不礼貌的,而应掌心倾斜向上,以肘关节为轴指示目标。值得注意的是,在行伸掌礼时,手心不可完全向上,会给人乞讨、乞要之感。手心朝向客人,手指指尖指向目标物体,手呈45°倾斜向上更显诚恳和恭敬。

当人在泡茶时,即使不说话不行动,其体态都流露出了礼仪的表达。应该说,体态美是一种极富魅力和感染力的美,它能使人在动静之中展现出人的气质、修养、品格和内在的美,传达着茶席对美的诠释。

在行茶时,茶主人会先向来宾行礼以示尊重和欢迎。鞠躬时由腰部发力,颈椎直立,略收下巴,眼神在行礼前看向对方,行礼时看向脚前30厘米处。行礼的速度要适中,避免出现不协调感。另外,有些简单的礼仪也要注意,比如咳嗽、打喷嚏时,要以手帕捂住口鼻,面向一侧,避免发出大声;生活中某些较为私密的动作比如掏耳朵、抠鼻孔、咬指甲等,也应避免出现;手中的废物要及时进行处理;若是口中有痰,也不应随地吐在地上等。

第三节　行茶礼仪

在我国北方,有"敬三道茶"的说法。有客来,延入堂屋,主人出室,先尽宾主之礼。然后命仆人或子女献茶。第一道茶只是表明礼节,讲究的人家并非真要请客人喝。因此时茶味并未完全激发,主宾大都略品一口而已。第二道茶,便要精品细尝。此时主宾相谈甚欢,而茶味也不浓不淡,边品饮边聊天,以茶助兴,好不惬意。等这第三道茶上来,客人便有可能起身告辞,主人也只好端茶送客了。这时礼仪已尽,话也谈得差不多了,茶味也淡了。

细看现代的茶席,虽然不见得有这样严格的要求,但是礼仪依然被阐释为细致的仪式。在每一道行茶的程序之中,却都蕴藏着礼仪的规范,贯穿其中,宾主之间互敬互重,美观和谐,令茶席展示出更丰富的礼仪内涵。

一、欢迎

欢迎是在茶席呈现时,茶主人为表敬意,向来宾的行礼,以鞠躬礼最常见,一般有站式鞠躬礼、坐式鞠躬礼和跪式鞠躬礼三种。

(一)站式鞠躬

在行站式鞠躬礼的时候,女士双手交握于身前小腹处,右手在上,左手在下,背部挺直,由腰部发力,上半身平直弯腰,行礼前眼睛看向前方,行礼时视线慢慢向下移动,在身前50厘米处停止;男士的行礼方式和女士大致相同,只是男士行礼时双手半握拳自然放置在身体两侧,随弯腰幅度的增大贴大腿徐徐下滑。行礼时节奏要不缓不急,行礼到位后略作停顿,再慢慢恢复基本站姿。站式鞠躬主要有15°草鞠、30至45°礼节性的问候和90°极大的敬意三种幅度。行礼幅度越大,则表达的尊重程度就越高。一般茶艺呈现过程中的站式鞠躬礼以30至

45°礼节性的问候为宜。

（二）坐式鞠躬

在茶艺呈现中，行坐式鞠躬礼也较为常见。行礼时，女士双手交叠，右手在上，左手在下，放置于胸前的茶桌上，上半身保持挺直，由腰部发力，上半身平直前倾。男士行坐式鞠躬礼和女士相似，只是双手半握拳，自然放置于面前的茶桌上，双手与肩同宽、比肩略宽。行礼的幅度以15至20°左右为宜，行礼时头部与身体保持一致，行礼前眼睛看向前方，行礼时视线慢慢向下移动。

（三）跪式鞠躬

跪式行礼在日本茶道中极为常见，在我国的茶艺呈现中较少。行礼时背、颈部保持平直，上半身向前倾斜，同时双手从膝上渐渐滑下，双手指尖斜对，手掌贴地，背部挺直，略收下颌，上半身向下倾斜，至胸部和膝盖之间一拳距离处，略作停顿后慢慢起身，恢复原位。客人之间的行礼两手仅前半掌着地。

欢迎礼过后，茶主人可和宾客略作交流，介绍茶席设计的主题思路、灵感来源和茶品、茶具等，或是有感而发，和宾客随机交流，注意伴随微笑和眼神注视。

二、备水

茶席无水，便不成茶席。而水为茶之母，精茗蕴香，借水而发。备水，讲究活、甘、清、轻，洁净的水是泡茶的先决条件，好水沏好茶，也着实用心良苦。活，是指活水，如山涧流动的山泉；甘，则指的是水之甘甜，一般优质的泉水都会有此特点；清，指的是这泡茶用水清澈纯净，没有杂质；而这轻，则指的是水的比重小，或者是说水的硬度比较小。其次水以现烧的为好，尤其大火快烧最好。同时不同的茶类对冲泡水温有不同的要求；同一种茶类，如果茶叶品质不同，其冲泡水温的要求也有所不同。另外，在茶艺呈现中，泡茶之水的温度高低，对茶叶内含物质的析出也有着极大的影响。因此，要根据不同的茶类或是茶叶外形的细嫩程度来选择较为合适的水温，以确保水温不会影响茶的口感、香气和色泽，激发茶之内涵物质。

三、净具

茶艺呈现中的茶具要干净整洁(图4-3),杯身内外不能有污迹,用热水温杯净具,一方面再次洁净茶具,给宾客以安心,另一方面还可以提高茶香,不仅是行茶当中的一道程序,也具有礼仪上具象表达的意义。

图4-3　净具温杯

四、示茶

在泡茶之前,为了使宾客对所泡之茶有充分的了解,可以对其品种和特点进行介绍,并展示干茶的叶形,使宾客能够更直观地观察和了解茶品。投茶时应使用辅助茶具进行,一般以茶匙和茶则为主。紧实型的茶叶用茶则来盛取,条索型的茶叶用茶匙来盛取,逐步添加,不要一次性倒入太多,若是一不小心盛取了过量的茶叶,一般不建议再倒回至茶叶罐中。向壶内或杯内投茶时,应使用茶匙或茶则投放适量的茶叶,切忌用手抓茶叶,一来直接手抓显得过于粗俗,二来手气或杂味混淆也容易影响茶叶的品质(图4-4)。

图 4-4　用茶匙取茶

五、沏茶

在沏茶的过程中,会有一些隐语,通过约定俗成的动作来表达对宾客的敬意,比如行茶过程中皆以逆时针方向回旋,再比如流行于民间的凤凰三点头的沏茶手法等。逆时针方向回旋是指在行茶的过程中,注水、温杯、摇香等手法均以逆时针的方向操作,只是因为我国的生活习俗中,会以逆时针方向代表欢迎,而以顺时针方向代表送客。凤凰三点头是一种注水手法,手提水壶高低反复三次将水注入杯中,寓意向宾客三鞠躬,以表示尊重和欢迎。这种手法流行于茶馆等社交或商业场所,但如今,越来越多的茶人开始用定点高冲的手法注水,因为定点高冲可以保持水流基本固定在同一位置,可以更好地使茶叶在杯中翻滚,有利于茶香的挥发和茶叶的舒展,也更利于茶汤内涵物质的析出。

六、斟茶

在斟茶时应遵循"浅茶满酒""满杯酒、半杯茶""茶满欺人、酒满敬人"等古训,一般斟七分满即可,寓意"七分茶,三分情",表示对客人的敬意和友情(图 4-5)。敬酒时,以满杯为宜,表达了自己满满的尊敬和欢迎；但斟茶时却恰恰相反，满茶杯不仅不方便拿杯和品饮，还有着逐客之意，着实要注意。另外，斟茶的动作要轻，要缓和，切忌一冲四溢。

图 4-5　斟茶七分满

七、敬茶

（一）伸掌礼

伸掌礼是茶席中使用频率最高的礼节性手势，表示"请"与"谢谢"，主客双方都可采用，这是在茶事活动中较为常见的礼节。行礼时，手心要朝向对方，比如两人并坐时，右侧一方伸右掌行礼，左侧方伸左掌行礼。行礼时，手要自然并拢，手掌略微向内弯曲，手腕自然放松，手掌与小臂的延长线同一方向。伴随着伸掌礼，我们还应该同时对宾客致以微微的欠身或点头微笑致意，自然平和，万不可过分浮夸或有表演之嫌。行伸手礼时五指自然并拢，手心向上，应尽量做到双手奉茶，如果受环境的影响必须单手奉茶，则应右手端杯，左手也随杯向前。奉茶时应面带微笑，眼睛注视对方，身体不宜侧倾，以示礼貌，同时嘴里还应说"请您用茶"，以表示谦逊（图 4-6 ）。

图 4-6　伸掌礼

（二）注目礼及点头礼

在向客人敬茶或送上某物品时，也可同时使用注目礼和点头礼。奉茶是和宾客最近距离接触的时刻，应该真诚和善地注视着对方，也可行点头礼，以示敬意。

（三）敬茶顺序

待客敬茶所遵循的就是一个"礼"字，有两位以上的访客时，用茶盘端出的茶色要均匀。在决定奉茶的顺序时必须作相应的礼仪上的考量，一般的原则是先主宾后主人、先女宾后男宾、先主要客人后其他客人。当然，如果客人比较多，也不宜按着过于死板的顺序挑挑拣拣地来敬茶，可以从主宾开始，向右按座位次序敬完一圈。

在客人品饮茶水的过程中要随时注意其杯中茶水存量，做好续茶的准备。在为客人续茶时，如果凉茶较多，应把茶杯内的茶倒去再斟上。

（四）以礼还礼

茶席中的客人接受敬茶时也要以礼还礼，双手接过，行注目礼、叩手礼，或是点头致谢，最为郑重的做法是欠身起坐。叩手礼是由古代叩头礼演化而来的一种礼节，叩指代替了叩头，因此也叫叩指礼。相传乾隆皇帝微服私访下江南,来到淞江,随身带了两个太监,到一间茶馆里喝茶。茶店的茶博士拎了一只铜制长嘴茶壶来泡茶,茶壶高高低低一连三洒,正好倒满一盏。乾隆皇帝觉得很有意思,连忙问道:"小二,你这般倒茶寓意何为啊?"茶博士答道:"这位客官,这泡茶的动作叫作'凤凰三点头',是茶馆的行规,这是在向您表示敬意呢。"乾隆皇帝听后兴致大起,夺过老板的水壶就朝边上的杯子倒去。皇帝向太监斟茶,这是反礼的,太监要跪下大呼万岁的,但微服私访,不可暴露身份,其中一位叫周日清的太监急中生智,忙用手指叩叩桌子表示以"叩手"来代替"叩首"。后来,叩手礼成为茶人之间约定俗成的一种行为习惯或是隐语,用来表示对他人敬茶的谢意,一直流传至今。早时候的叩手礼和现在流行的有些不一样,需要手握空拳,以手指最末节的关节触碰桌面,上下轻点,后来逐渐演化为手指轻轻并拢弯曲,以手指的指腹轻叩桌面,以示感谢。一般行叩手礼的时候,行礼的手指也会略有差异。比如晚辈给长辈奉茶,长辈可以只用食指这一根手指轻叩桌面两三下;但若是长辈给晚辈奉茶,则晚辈必须以食指和中指两根手指一起轻叩桌面两三下;用三根手指轻叩桌面,则表示极大的尊重和敬意。

八、品饮

品饮茶汤不宜一次饮干,更不应大口吞咽茶汤,喝得咕咚作响。小口细品,轻啜慢咽,饮茶乐趣妙不可言。品饮之时是最好的交流时间,品饮之后,客人还应及时作出称赞,并适当地与茶主人交流茶叶的品质以及饮茶的感受。作为茶席的主人,应该虚心地向客人请教,并营造出一个良好的沟通氛围。

另外有一个不可不知的礼仪常识。我国旧时有以再三请茶作为提醒客人应当告辞的做法,即通常所说的"端茶送客"。因此接待年长的宾客时要特别注意,顺其自然,万不可不停地劝其饮茶,以免产生误会。

九、赠礼

我国是好客之国,无论阶级,无论贫贱,莫不以茶为应酬品,或是互致问候,来表达和睦相处之情。北宋时期,在汴京一带,乔迁之喜也要向左邻右里送上新茶,此乃"献茶",这是一种民间礼俗,也是邻里之间表达问候的方式方法。南宋时期,在临安(现杭州)地区,每每立夏之日,也都有独特的民间习俗,家家都会煮些新茶,配上精心制作的各色细果,馈送亲友比邻,赠送范围一般是,左三家,右三家,加上自己一家,共计七家,俗称"七家茶"。相传七家茶起源于南宋,至今仍然在杭州郊区的农村保留。这样一方面让左邻右里共享劳动果实,另一方面也是相互学习制茶的技巧,取长补短,当然也不乏有的人暗有炫耀之意。明代杭州文人田汝成在他的《西湖游览志馀熙朝乐事》中记载了这一传统:"立夏之日,人家各烹新茶,配以诸色细果,馈送亲戚比邻,谓之七家茶。富室竞侈,果皆雕刻,饰以金箔,而香汤名目若茉莉、林禽、蔷薇、桂蕊、丁檀、苏杏,盛以哥汝瓷瓯,仅供一啜而已。"表现出杭州纯朴睦邻的民风。南方一带,每当清明之际,人们还会购几斤新茶,遥寄远方的亲朋好友,以示真挚情意。在我国北方地区,每当客人来访,主人也总是会用一把大瓷壶泡上一壶茶,然后分至各个瓷杯中,共饮一壶茶,再端上各种糖果、零食,以示欢迎和尊重。

在茶席中的赠礼,自然延续了这样美好的传统,以小小礼品来表达茶主人的浓浓心意,是许多茶席会采用的做法。赠礼的形式不拘一格,可以是包装精美的茶叶,可以是席间供客人品茗的杯盏,也可以是其他与茶席主题相符的纪念品,不求华美,只求将茶席的文化意蕴传递至更长远的时间与空间中。

十、恭送

宾客离座时,出于礼貌,茶主人需要起身站立,向宾客表达谢意之后微笑道别。

最后,我们必须关注的是,礼仪是一个有地域特色的概念,因此,在各地会出现对同一个事物有不同礼仪要求的情况。茶席中的礼仪在实践中还需结合当地实际,以达到最佳的效果。

第四节　客来敬茶

我们经常会说"客来敬茶"，那大家知不知道，"客来敬茶"是如何而来的呢？相传，用茶代客的风俗是从三国东吴时开始的。

三国时期，吴国皇帝孙皓，是个出了名的喜欢吃喝玩乐的皇帝，终日不理朝政，沉浸在丝竹歌舞，肉山酒海之中。他经常宴请群臣，每次都是从日出喝到日落，而且有梨园弟子相陪，非要把他手下的大臣们灌得酩酊大醉，他才罢休。

孙皓手下有个名叫韦昭的大臣，酒量很小，每次最多能喝个一二两酒。有次，孙皓宴请群臣，酒过三巡之后，他酒兴大发，降旨命群臣一口一杯，连饮三杯。这时，韦昭早已有些昏昏然了，听圣上说要一口一杯，连饮三杯，吓得直打哆嗦。他想，如果不喝，那我就是违抗了圣旨会招来罪过；可是若是要喝，酒到喉咙里又实在是咽不下去，无可奈何，只好舍命陪君子，端起酒杯，双眼一闭，脖子一仰，一口而尽。谁知酒杯还未放下，就觉得头晕目眩，心似火烧，身体变得轻飘飘的不受控制，坐立不稳，一下子就从椅子上滑到了地板上。宴席不欢而散，孙皓很是扫兴。

一年正值金秋十月，御花园里的菊花又开始欣然怒放，争艳斗芳。一日韦昭陪孙皓在御花园内赏菊。二人在凉亭内坐定后，妃子们送上了茶水。孙皓向韦昭问道："你的酒量怎的一直如此之小，半点也没有长进？"韦昭说："回禀圣上，自从前次醉酒回家后，臣天天练习，每日三餐，餐餐不离酒，总想着能增大一点酒量。谁知不管臣怎么练，酒量还是大不起来。看来，臣不是块喝酒的料子，这命中注定了臣只有二两酒的量吧！"

孙皓喝了一口茶，摇了摇头说："堂堂一个大臣，酒量却如此之小，真是没出息！"

韦昭回禀道："俗话说得好，刨子能刨平木板，锯子能锯断木板，相互不能代替，各有所长。臣酒量虽小，可是茶量却大得很呐，一次能喝上几大壶。皇上若是不信，臣可以喝给您看。"说罢，捧起一壶茶，咕咚咕咚，一口气喝完了一壶茶，接连喝了三大壶。

孙皓灵机一动,笑呵呵地对韦昭说:"既然你喝茶的本事有这么大,那今后在酒宴上,我赐你以茶代酒,但你可不要外传哦,免得其他大臣也来与你攀比。"韦昭一听,高兴得热泪盈眶,叩头谢恩。

又有一日,孙皓召集了群臣在宫中设宴,他私下里嘱咐太监悄悄给韦昭准备了两壶茶水,从早晨一直喝到中午,那些喝酒的大臣们都已经支撑不住了,有的胡言乱语,有的伏在酒桌上,有的醉倒在酒桌下面,有的已然昏睡过去了。韦昭反而更加兴奋,一个劲地带头干杯。直到日落西山时,孙皓和满朝文武都已经酩酊大醉,唯有韦昭清醒如初。

后来,孙皓密赐韦昭以茶代酒的消息不胫而走,宫廷便开始形成了以茶代酒接待客人的习俗,认为这是对客人极大的尊重和敬意。慢慢地,这一习俗也就在民间流传开来了。

客来敬茶,表的是敬意,传的是雅心,递的是浓情。相传一日苏东坡到一家寺院进香,拜访方丈。方丈瞟了一眼苏东坡,然后漫不经心地吩咐小和尚说:"茶"。待苏东坡开口与方丈问候,方丈见对方颇有些气度和风雅,便改口说"看茶",稍倾得知对方就是一代文豪苏东坡时,连忙嘱咐小和尚"看香茶"。这以茶表敬意的讲究可真不少。

我们常说"七分茶情、三分人情","酒满敬人、茶满欺人",留下三分人情给客人这是礼法。

客来敬茶,按照我国人民的传统习惯,只要双手没有残疾,都是用双手给客人端茶的。然而遗憾的是,现在大多数人并不懂得这个规矩,奉茶基本上都是用一只手把茶杯递送过去,更有甚者直接用五指捏住杯口的上边缘,就往客人面前送。这样非常不雅观,不卫生,不礼貌。客人需要续茶时,我们也应该有先客人后主人,先尊者后次之的意识。

现在很多公司都用一次性杯子,以为在下面搭一个杯托就算是懂得礼法了。殊不知一次性杯子恰有一次性关系之意,而且又不环保、不卫生,何不把它换成晶莹剔透的玻璃杯或瓷杯,以茶为媒,体现出主人的修养,重情好客,亲切有加。有好茶,会喝好茶,能喝好茶,着实也是一种幸福。

第五节　端茶送客

中国人是含蓄的，是谦逊的，自古以来，中国人都讲究意不直叙，情不表露，崇尚隐喻的浪漫，彰显含蓄为美。在这样一个语境下，借由茶来表达一些含义，也成为茶礼仪中非常有意思的现象。这些隐喻性极强的陈规陋习，现在想来也是极有意思的，比如明清时期的"端茶送客"便是其一。

在古代，来客相见，仆役献茶。特别是上司召见下属，大官接见小官，或言语不合，话不投机，或正事已毕，对方却无告辞之意，主人便会双手端起茶杯，来客嘴唇一碰杯中的茶水，侍从便会高喊："送客！"这"端茶"倒成了"逐客"，如此一来，倒是避免了一些尴尬，主人听到"送客"便站起身来，客人也只好起身告辞，也省得主人想结束谈话但是开不了口，客人想告辞又不好意思的处境。这便是"端茶送客"的由来。而这个典故源于何时呢？

清朝朱德裳在《三十年见闻录》中提到，古时候的官场对于礼节方面是十分在意的，但却有这样一个新上任的县令，不谙世事，触了霉头，最后狼狈逃跑的故事。故事说，这个新上任的县令并不知晓拜谒巡抚大人之时不可手执折扇，所以在一个盛夏之日，他习惯性地拿着他的折扇走进了巡抚衙门，去拜见巡抚大人，而且还不停地挥动扇子，这一下可惹怒了巡抚大人。巡抚大人见他如此无礼，目中无人，就假借天热为借口，请县令脱帽宽衣，并趁机把茶杯端了起来。巡抚大人的侍者见状，立刻大喊一声"送客"。巡抚大人起身，头也不回地走了，而这倒霉的县令只得一手拿着帽子，另一手抱着衣服，狼狈地离开了巡抚衙门。可见，这清代官场上的"客来敬茶"，一般都是不喝的。当然，若是有要事商讨，坐久了，这茶也是可以喝的，但必须是上级先对下级"请茶"，伸手示意，再端起茶盏品饮后，下级才可以端起面前的茶盏品上一口。看来这官场上的茶啊，喝起来还真不是那么容易的。喝茶的时候也是有讲究的，男士单手执盏，另一只手拂袖遮挡，女士双手执盏品饮，或是一手端盏托，另一手放置在盖钮之上盖子与盏身之间留一条缝隙，从缝隙处饮茶。现在一些影视作品表演中会有饮茶的镜头，大都是先用盖子在茶盏里刮几下，然后打开盖子再吹几口，之后再品饮。若是在官场上喝茶也这般如此，那就是极其失礼的，这是在用无声的语言告诉上级，你的茶，没泡好！

"端茶送客"的闹剧在清朝李宝嘉的《官场现形记》中，也出现了一回。新制台也就是总督走马上任，为显示自己的权威和关照，一日要传见30位候补的佐杂官员，其中就有申守尧。他与众人一起受宠若惊般走进了制台大堂，大家毕恭毕敬，声息全无，静听制台发话。制台训话完毕，突然说要考考众位，大家立刻吓得面面相觑，心惊胆战，对于制台的考问，什么也答不上来，制台见众人无话可说，只得端起茶碗送客。刚把茶碗端起，只听"啪！"的一声，不知谁的茶碗打破了，定睛一看，原来是申守尧，把茶碗掉在地上，摔得粉碎，把茶也泼了一地，连制台的新袍子都溅湿了，制台站起来一面抖落衣服上的茶水，一面不断地说："这是怎么说！这是怎么说！"原来申守尧此番蒙制台传见，以为是莫大荣宠，一时乐得心花怒放，竟有些手舞足蹈，一见端茶送客，正想赶着出来向未被传见的同僚炫耀，他见制台端茶，也慌忙把茶碗举起，谁知那茶盏中是滚烫的开水，申守尧一不留神挨了一烫，一时放也不敢放，忍又忍不住，一个不当心，把茶碗翻落在地上。制台看了他一眼，想要说他两句，又实在无话可说，只得站起身来，也不送客，径直往屋里去了。

"端茶送客"这种隐喻的表达基本上出现在封建时期的官场中，在日常生活中却并不常见。可是，若是遇到有些人不顾及对方所想所感，只是一味地说话不停，这时候，真希望来一次"端茶送客"的表达，借由这种含蓄的表达，让双方都可以体面地收场。所以，适当微笑，改日再叙，或适当地看表等也是一种潜在送客的方式，这与"端茶送客"有异曲同工之妙。中国人是含蓄的，是隐忍的，若是可以把古时候"端茶送客"的表达方式运用于一些社交场合中，缓解人与人之间相处时的某些尴尬，使彼此的交往变得更流畅，更舒适，更自然，也不失为一种好的方式。

第五章

少数民族茶俗

　　茶艺是茶和艺的有机结合,是饮茶活动过程中形成的文化现象,着重在茶的品饮艺术,追求品饮情趣,是一种生活艺术。茶俗则说的是各个民族、各个地方精彩纷呈的饮茶习俗,自古便有,融合与适应了不同群体及个体的饮茶习惯,同时讲求实用、方便,以及茶叶的药用、保健需求,有较明显的地域特征和民族特征,成为人们文化生活的一部分。少数民族茶俗是中国茶文化的重要组成部分,在历史的长河中形成了独有的风采。56个民族不同的茶俗是民族风情最生动的艺术体现,是中华民族茶文化的瑰宝和精髓,是我国茶文化体系中最直观、最生活化、最有情趣的"亮色"。在我国的各个民族中,几乎每个民族都有其独有的饮茶习俗,有的还不只是一个流派,精彩纷呈。

　　民俗茶艺呈现是我国民间茶俗中的一种民族传统茶文化积淀的表现,是各个民族人民心态的折射,把民族茶事活动作为中心,基于中华传统茶文化,结合各民族人民的生活习惯,逐渐演变成为人们茶文化生活的一部分,其内容丰富多彩,各呈表象,各民族茶俗之间既吸收了其他民族的长处,又不曾失掉自己本来的特性。

　　我国有55个少数民族,各民族都有自己独特的饮茶习俗。我们大致罗列了以下各民族的饮茶习惯:比如藏族有饮酥油茶、甜茶、奶茶、油茶羹的茶俗;维吾尔族有饮香茶、奶茶、甜茶、茯砖茶的茶俗;蒙古族有饮砖茶、盐巴茶、奶茶、咸茶的茶俗;回族有饮三炮台茶、茯砖茶的茶俗;哈萨克族有饮清真茶、酥油茶、米砖茶、柳花茶的茶俗;壮族有饮打油茶的茶俗;彝族有饮烤茶、糊米茶的茶俗;满族有饮红茶、盖碗茶的茶俗;侗族有饮豆茶、青茶、打油茶的茶俗;黎族有饮黎茶、芎茶、鹧鸪茶的茶俗；白族有饮三道茶、烤茶的茶俗；傣族有饮竹筒香茶、煨茶的茶俗；瑶族有饮打油茶、滚郎茶、瑶山茶的茶俗；朝鲜族有饮人参茶、三珍茶、柚子茶的茶俗；布依族有饮青茶、打油茶、姑娘茶的茶俗；土家族有饮擂茶、油茶汤的茶俗；哈尼族有饮土锅茶、煨酽茶、竹筒茶的茶俗；苗族有饮米虫茶、油茶的茶俗；景颇族有饮竹筒茶、腌茶的茶俗；土族有饮油面茶、年茶的茶俗；纳西族有饮龙虎斗、盐巴茶、糖茶的茶俗；傈僳族有饮雷响茶、油盐茶的茶俗；佤族有饮苦茶、擂茶、铁板烧茶的茶俗；畲族有饮三碗茶、烘青茶的茶俗；高山族有饮酸茶、柑茶的茶俗；仫佬族有饮砂罐清茶、打油茶的茶俗；东乡族有饮三香碗子茶的茶俗；拉祜族有饮烤茶、竹筒香茶、糟茶的茶俗；水族有饮罐罐茶、打油茶的茶俗；柯尔克孜族有饮热茶、茯茶、奶茶的茶俗；达斡尔族有饮荞麦茶、奶茶的茶俗；羌族有饮罐罐茶、酥油茶的茶俗；撒拉族有喝茯茶、麦茶的茶俗；锡伯族有饮面茶、奶茶、茯砖茶的茶俗；仡佬族有饮冬瓜茶、煨茶、甜茶的茶俗；毛南族有饮煨茶、青茶、打油茶的茶俗；布朗族有饮酸茶、青竹茶的茶俗；塔吉克族有饮清真茶、奶茶的茶俗；阿昌族有饮青竹茶的茶俗；怒族有饮盐巴茶、酥油茶的茶俗；普米族有饮雪茶、青茶、酥油茶的茶俗；乌孜别克族有饮咸奶茶的茶俗；俄罗斯族有饮红茶、奶茶的茶俗；德昂族有饮水茶、砂罐茶、腌茶的茶俗；保安族有饮麦茶、清真茶、三香碗子茶的茶俗；鄂温克族有饮肉茶、奶茶的茶俗；裕固族有饮甩头茶、炒面茶、奶茶、茯砖茶的茶俗；京族有饮玳玳花茶、青茶、槟榔茶的茶俗；塔塔尔族有饮调饮红茶、奶茶、茯砖茶的茶俗；独龙族有饮竹筒打油茶、油炒茶、火煨茶和独龙茶的茶俗；珞巴族有饮油盐茶、酥油茶的茶俗；基诺族有饮凉拌茶、煮茶的茶俗；赫哲族有饮小米茶、青茶的茶俗；鄂伦春族有饮黄芹茶的茶俗；门巴族有饮石锅油茶、酥油茶的茶俗。

每一个少数民族都有自己独特的茶俗，由于各族人民交错杂居，而这些茶俗往往也是相互交融和影响的，茶逐渐和各少数民族的风俗习惯结合，形成了互相交融、各具特色又相互影响的茶俗，不仅是生活中的点点滴滴，也增加了茶的深度和仪式感。在品茶的过程中感悟少数民族人民对生活的热爱。

第一节　傣族竹筒茶茶俗

　　西双版纳是整个茶树原产地版图的核心地区,千百年来,勤劳智慧的傣族人民就在长期的劳作生活中认识、利用并驯化和栽培茶树。傣族人工种茶的历史要晚于布朗族和汉族很多年,究其原因,一是傣族人民大部分居住在气候比较炎热的低海拔地区,茶叶难以生长成活。再一个是傣族的妇女比较爱吃槟榔,槟榔是非常流行的饮品。随着社会的不断发展,各民族之间的交往越来越多,茶叶开始作为一种交际礼品相互馈赠,饮茶在傣族男人中也逐步传播开来。后来,冰岛、班章等寨子的傣族人民看到周边其他村落的人民都因为喝茶、种茶和进行茶叶交易获得了一定的经济效益,这才逐渐开始从周边的寨子里引种茶叶,自给自足的同时馈赠亲朋好友,同时兼有点额外收入。逐渐,这个地区的傣族寨子里的人们都开始种植茶叶,甚至有的村民仅仅一户就种植了40多亩茶树,茶叶成为傣族人民重要的经济支柱。慢慢地,茶叶、大米和盐巴酒成了傣族人民的三件宝,每天生活必不可少。一是自种自饮。人人喝茶,家家喝茶,户户喝茶。一日不喝茶,身体就疲乏。寨子里的妇女们也不再吃槟榔了,茶叶成为家中的日常饮品。二是用于交际。傣族人民性格温和,特别喜欢结朋友,每逢走亲戚串门,必带茶叶作为礼品。在傣族的习俗中,把茶叶当礼品馈赠是行大礼,比送一只鸡,几斤肉更高兴,因为你送了他一件生活之宝。三是作为一种礼仪,凡是客至,必先上茶,以彰显主人的重视和热情好客。若是不备茶的人家,别人会认为他不通人情世故,也会被大家所瞧不起。四是红、白喜事必用茶。婚嫁喜事如果不带茶叶,表明男方没有诚意,因为茶叶年年发,男婚女嫁要生娃。五是祭佛、祭祖、祭神灵时,茶、米、盐也都是必不可少的祭品。

　　傣族人民创造了独有的茶叶储藏方式和品饮方式,为茶叶的利用提供了更多的可能性。聪明的傣族人民充分利用西南地区充沛的光照这一有利条件,通过把茶叶晒干这种加工方式,为茶叶的储存和运输提供了便捷条件。

　　傣族竹筒茶,是傣族人民独具特色的传统茶饮,世代相传,别具风味。这种充满诗情画意的品饮方式,其实是一种待客茶,把茶叶放入竹筒内烤,使茶香和竹香融为一体。这放入竹筒内的茶叶,最早用的是晒干的春茶,后来随着人们要求的不断提高,制茶工艺也逐渐调整和改变。茶叶不再是只通过日晒,还可以经过铁锅杀青,揉捻后,再装入竹筒。或者把晒干后的茶叶放入饭甑里面,然后在甑底平铺一层经水泡过的糯米,在上面再垫一层纱布,铺上已经晒干的茶叶,上锅蒸大约十五分钟,这样茶叶便可以充分地吸收糯米的香气。待茶叶软化后就把茶叶倒出,放入一个小竹筒里。这种方法制成的竹筒茶,既有茶香,又有竹的清香和糯米香,三香齐备,互相交融又各不影响,让人毫无抵抗力。把加工好的茶放入刚砍回的竹筒内就可以准备烤茶了。这香竹也是十分讲究的,要用生长一年左右的香竹才可以,这样茶叶就会吸收竹筒清新的香气,渐渐地茶香与竹香融为一体,这就是竹筒茶的独特之处。把留有青绿色表皮的竹筒放在火塘的三脚架上烘烤,约6～7分钟后,竹筒里面的茶叶就已经软化,用一根小木棒把竹筒里面的茶叶往里捣,使它们更加紧实,然后再继续添加新的茶叶进去,继续烘烤。就这样边烤,边填,边捣,边加茶,再烤,再填,再捣,直到竹筒内的茶叶填满捣实为止。最后用甜竹叶或是草纸封住竹筒口,架在离炭火差不多40厘米左右高的三脚架上,小火慢慢烘烤,5分钟左右把竹筒转动一次,待竹筒表面的颜色从青绿色变为焦黄色时,竹筒里面的茶叶也就烤好了。接着,我们就可以用刀把竹筒一剖两半,拿出竹筒里面的圆柱型的茶叶,掰下一小块来,放到杯中,再往里加入沸水,一杯竹筒茶就做好了。这种茶喝入口中,既有竹子的清香,又有茶叶的芬芳,非常可口,沁人心脾,喝起来耳目一新。傣族人民在田间劳动的时候,常常会随身带着一块这样的竹筒茶,片刻小憩时用刀砍一节竹子,顶部削尖,这样方便饮茶,里面灌入山泉水,在火上烧开,再放入一小块竹筒茶烧几分钟,等待茶水稍凉后就可慢慢品饮了,既解渴,又解乏,令人浑身舒畅。

竹筒茶还有一种腌制的方法,将新鲜茶叶蒸青或晒干后,把茶叶放在竹帘上揉搓,然后装入竹筒内舂实,用石榴叶或竹叶塞住筒口,把竹筒倒置以使内部茶汁倒出,晾至两天左右,再用泥灰把竹筒口封好,让茶叶在竹筒里面慢慢发酵,一段时间后,茶叶就会变黄,这时就可以劈开竹筒,把茶叶取出晾干,加入香油放在瓶里就可以吃了。食用时可以把腌好的茶叶用大蒜或者其他佐料炒食,这就是一道蔬菜,别有一番风味。

傣族的竹筒茶制作和布朗族的青竹茶很相似，二者区别在于傣族竹筒茶主要用当地小竹子来制作，留有竹子外面青绿色的表皮。而布朗族则是以大竹筒装茶，把表皮去掉，有时也会把装有茶的竹筒放于火上烤，使茶香和竹香更好地融合。聪明的布朗族人民会把竹子编成各种竹笼小筒，用来盛装茶叶，这样茶叶便可以更多地和空气接触，更充分地发生氧化，慢慢地自然转化。

我们会发现，很多饮茶习俗在各个民族都是相通的，但会有些许的差异，这是与各民族的生活习俗和行为习惯分不开的。茶俗，正是生活的真实写照，它形象地、生动地为我们呈现出各民族在不同历史发展阶段中的文化表现。

第二节　白族三道茶茶俗

勤劳朴实的白族同胞对喝茶十分讲究，而饮茶方式随着场合的不同也有着不同的表现。自饮茶多为雷响茶，用砂罐烤制茶后，用沸水冲入，罐内会发出似雷鸣般的响声，茶虽苦但饮起来非常有趣。若是在婚礼仪式中喝茶，则大都为一苦二甜两道茶，寓意生活要先苦后甜。而最具有代表性的，则是白族同胞们在接待客人时所使用的三道茶。三道茶历史悠久，早在南昭国时期便成为款待各国使臣的一种极高的礼遇，徐霞客在明代崇祯十年时游历大理时，也对这种独特的礼俗情有独钟，"注茶为玩，初清茶、中益茶、次蜜茶"成为历史上少有的对三道茶的文字记载。这"注茶为玩"四个字，就把饮茶定义为了一种互动性的品鉴艺术活动，从那时起，三道茶也成为大理白族同胞们独有的茶艺呈现。三道茶起源于待客之道，发展于庙堂之间，普及于乡村野外。明清年间，三道茶的内容、形式逐渐趋于完善，成为固有而独特的白族风俗，乳扇、蜂蜜、核桃等大理独有配料，也成了三道茶里必不可少的角色。三道茶，一苦一甜中品味人生哲理，一高一低中感受丰厚文化。2014 年 11 月，"白族三道茶"经国务院批准，列入第四批国家级非物质文化遗产代表性项目名录。

白族三道茶，是一种礼仪，是一种风尚。宾客迎门，主人家一边与客人促膝长谈,一边忙着架火烧水。待水开料足,家中长辈亲自司茶,是茶,也是礼。

白族三道茶最初是长辈对晚辈求学、学艺、经商时的谆谆教导以及新女婿上门时的一种独有礼俗,它有着很有深意的故事:相传很久以前,苍山脚下有一位手艺卓群的老木匠,他的徒弟勤学苦练了多年仍不得出师,徒弟逐渐有些急躁。一天,老木匠交代徒弟说:"做木匠的,能雕会刻还只算是功夫,若是跟我上山,把大树锯倒,把它们锯成板子,才算是正式出师。"徒弟不服气,便跟着师父上山,找到一棵大树,就开始锯起来。不多时,徒弟就觉得口干舌燥,但奈何没有带水上山,只好恳求师父,能够让他下山喝水解渴。可是师父没有同意,徒弟只好继续锯那棵大树。坚持到傍晚时分,徒弟渴极了,实在忍不住,就随手抓了一把树叶填进嘴里解渴。师父笑了笑,问:"树叶味道如何?"徒弟只好实话实说:"这树叶好苦啊!吃不得,吃不得"师父语重心长地说:"你想要学好手艺,怎能不先吃点苦?"直到日落西山,徒弟筋疲力尽,板子终于锯好了。这时,师父从怀中取出一块红糖递给徒弟,请徒弟放入口中补充能量,并郑重地交代:"这个就是先苦后甜!"徒弟吃了红糖后,体能得到了补充,口也不渴了,便赶快起身,把板子扛回了家,终于顺利地出师了。徒弟临别时,师父又倒了一盏茶,加入蜂蜜与花椒,让徒弟一口喝光,遂问:"是苦是甜?"徒弟回答:"复杂极了,这里面甜、苦、辣、麻,什么味道都有。"师父听了哈哈大笑,说:"其实,茶中事即为世上人,做人做事要先苦后甜,再好好回味,方得始终。"从此以后,这三道茶就成了晚辈学艺时的固有礼俗。后来逐渐成了白族人民喜迎新女婿上门或是子女成家立业时的习俗,寓意对晚辈的谆谆告诫。

白族称三道茶是极富戏剧色彩的一种饮茶方式。这三道茶分别指的是苦茶、甜茶及回味茶。第一道为"苦茶",也就是清苦的意思。制作时,先用铜壶将水烧开,将一只小陶罐置于文火上烘烤。待陶罐烤热后,底部发白,便可取适量绿茶放入罐中,并不停地转动和抖动陶罐,使茶叶受热均匀,待陶罐内茶叶烤至焦黄时,茶香扑鼻,便可以注入已经烧沸的开水,罐中便会发出噼啪的声音。稍微煮一下,主人便可以把沸腾的茶水倒入茶盏中,再用双手奉给客人品饮。高温激发高香,这茶叶经过高温烘烤,闻起来焦香扑鼻,再沸水煮制,色如琥珀,苦涩回甘,通常只有半杯,品茗杯也非常的小,称之为牛眼睛盅,需要一饮而尽,饮后生津止渴、消除疲劳。吃得苦中苦,方为人上人。要想立业,那就先要学会

吃苦。

第二道茶称之为"甜茶"。当客人喝完第一道茶后,主人重新用小陶罐置红茶,接着烤茶、煮茶,并在茶盅里放入少许红糖、乳扇、桂皮、生姜、蜂蜜、核桃等配料,这样沏成的茶,香甜可口,浓淡适中,饮后提神补气,神清气爽。品茗杯换成小碗或普通的大茶杯,倒至八分满。这第二道甜茶,沁人心脾,也诉说了吃得苦,方得甜的含义,历尽沧桑,方能苦尽甘来。

第三道茶是"回味茶"。一茶匙蜂蜜,3～5粒花椒,烤黄的乳扇,加入滚烫的开水,倒至茶碗中六七成满。客人品饮时,要一边晃动茶碗,使茶汤和里面的佐料充分融合,一边趁热品茶。这道茶称之为"回味茶"。这杯茶,集酸、甜、苦、辣于一身,满口清香,回味无穷,同时又提醒人们铭记先苦后甜的人生哲理,每走过一段路程,都要认真总结反思,信心百倍地去创造更加美好的未来。

"三道茶"寓意人生"一苦,二甜,三回味"的哲理,一般每道茶相隔3～5分钟进行。辅助的茶食主要有瓜子、松子和糖果之类的小茶点,边吃边喝,富有情趣。白族三道茶,在觥筹交错中感悟人生哲理,也在尽善尽美中契合佛家思想。

第三节　藏族酥油茶

茶是藏族同胞们必不可少的日常饮品。西藏地区地势极高,环境复杂,气候独特,空气稀薄。西藏瓜果蔬菜极其稀少,当地居民往往通过饮茶来补充身体所需的营养,去腥解腻,帮助消化,所以常年食奶肉糌粑的藏族同胞把茶叶视若珍宝,成为不可或缺的生活食品。

藏族人民视茶为神之物,从历代"赞普"至寺庙喇嘛,从土司到普通百姓,都以茶为每日必备的饮品。寒冷的时候可以驱寒;吃肉的时候可以解腻;饥饿的时候可以充饥;困乏的时候可以提神醒脑;还能每日补充维生素。在青藏高原,藏胞喝茶的数量非常惊人,一般每天大约喝三四十杯,许多农民和重体力劳动者喝得更多、更浓,以补充体力。甚至有的人家把茶壶直接架在炉上,每日熬煮,随时品饮,家中常备。

　　藏族人民喝茶的方式也很多,清茶、奶茶、酥油茶各有各的特色,相比较而言,酥油茶是最受藏族同胞们欢迎的饮茶方式,奶茶也受到很多人的青睐。酥油茶是一种以茶为主料,加入酥油等多种食物经混合而成的茶汤,藏语为"恰苏玛",意思是搅动的茶。这样的茶喝进嘴里又甜又咸,口感丰富,入口回味无穷,独有一番滋味。

　　酥油茶的冲泡中,制作酥油是很重要的一个环节。从牛奶或是羊奶中提炼出来的酥油,香甜醇厚,影响丰富。在制作时,先加热牛奶或是羊奶,烧开后倒入一个特制的大木桶里,一种专门的工具很用力地上下抽打奶汁,来来回回很多次,直到搅得奶汁里的油水分离,奶汁上面漂浮了一层淡黄色的脂肪质,然后把这层脂肪质盛出来,装进一个皮口袋里,等它自然冷却以后,便成了酥油。当然,随着科技的发展,加工工艺的不断进步,现在有很多地方已经开始实现机械化制作了,用一种奶油分离机来代替纯人工的提炼,这样可以省力不少。一般来说,每50千克奶只能提出 2.5 ~ 3 千克的酥油。酥油茶所使用的茶叶,一般都是黑茶,比如说普洱茶或金尖、茯砖等。

　　制作酥油茶的方式也有许多种,一般而言都是先煮后熬,也就是把一小块黑茶放入茶壶或是锅里加入冷水煮开,然后再用小火慢慢熬制,直至茶汤浓郁,入口不涩为宜。在这种熬成的浓茶里放入少许盐巴,就制成了咸茶。盛一碗咸茶,再往里加一片酥油,让酥油充分融化在茶汤里,这酥油茶也就做好了。还有一种让茶和酥油更加融合的方式,叫作打酥油茶,把煮好的茶汤过滤掉茶渣,倒入一种长圆柱形的茶筒里,这是一种专门用来打制酥油茶的茶筒,大都是铜质的,也银制的,藏人称之为"董莫"。把酥油和适量的盐也加入这茶筒里,直立茶筒,然后手执那根能够上下移动的长木棒,使劲儿地上下舂打搅拌,这样茶汤、酥油和盐便会逐渐融为一体。刚开始打酥油茶的时候,茶筒里茶汤的声音是"哐当哐当"的,水油分离,就这样打着打着,茶筒里的声音逐渐变成了"嚓咿嚓咿",这时候,这酥油茶也就打好了,你中有我,我中有你,滋味极其细腻。把打好的酥油茶再倒回到锅里或是茶壶里,放到火上加热,再次煮开后便可饮用了。若是再打进些鸡蛋,加点核桃仁、花生和芝麻等食材充分搅拌,那这酥油茶也就更加高级了。

　　这盛装酥油茶的茶具也是昂贵而又华丽。有的茶碗是银质的,有的是木制的,但周围会用金银或是铜做一些镶嵌,有的用翡翠制成,有的甚至用黄金打造。这些极具艺术价值和实用价值的珍贵茶具往往被看作是传家之宝,也在一定程度上彰显了人们的财力和社会地位。

酥油茶是藏族同胞们的待客之道,而喝酥油茶时,也是有着一些礼节的。宾客落座,主人会马上奉上糌粑和一只茶碗。糌粑是一种用炒熟的青稞粉和茶汤混合而成的团子,一口酥油茶一口糌粑,配着一起吃。主人把打好的酥油茶装进一个茶壶中,摇晃几下,然后按照辈分,长辈优先,把酥油茶一一倒入客人的茶碗中,并且热情地招呼大家用茶。而这刚刚倒下去的酥油茶,一般是不能马上端起来就喝的,而是要先和主人聊天,等到主人再次拿着酥油茶壶走到客人面前准备续泡的时候,客人才可以端起茶碗来喝茶,不然会被认为是不礼貌,不懂事。喝酥油茶时,要先在碗里轻轻地吹几口气,把浮在茶汤表面的油花吹散,然后再慢慢喝上一口,还要主动地称赞主人打酥油茶的技艺高超,"这油和茶分都分不开"。喝茶时也是不能发出响声的,要轻轻啜饮,小口小口地喝,若是一饮而尽,狼吞虎咽,这是缺少教养的一种表现,是要被人家笑话的。一般到藏族同胞家中做客,喝酥油茶可不能只喝一碗就走,一般都是要喝三碗的,图个吉利,不然则意味着主人家的酥油茶难以下咽,所以喝得少。客人喝酥油茶的时候,最好在碗底留一口茶汤,这是对主人打茶手艺精湛的一种约定俗成的肯定,而主人也会及时地添满茶,一边喝酥油茶,一边吃糌粑,一边和主人聊着天,这茶喝完了,感情却更浓了。几盏酥油茶下肚,如果客人喝饱了,不想再继续喝酥油茶了,就可以把茶碗里剩下的一点点茶汤轻轻地泼在地上,这就是喝饱了的意思,主人家也就心领神会,不会再继续劝你喝茶了。若是客人要起身告辞,茶碗里的酥油茶还没有喝完时,客人可以连着一气儿喝几大口茶,但是不要一下子喝光,还是要在茶碗里留点漂油花的茶汤底的,这样才符合藏族的习惯和礼貌。

酥油茶始于何时,已经无法考证。但相传酥油茶是文成公主的奇思妙想。文成公主极尽风雅,在出嫁之前就很喜欢喝茶,下嫁吐蕃进藏时,她的嫁妆里就有很多箱各种名茶。因为西藏饮食习惯和内地不一样,水果、蔬菜极少,这就使得文成公主很不适应。开始她用茶水解腻,就舒服了很多。可是几年后,陪嫁带来的茶叶已经所剩无几,从长安一路运送过来又路途遥远,文成公主担心茶叶供给不上,就在牛奶里掺些茶水饮用,觉得也不错,后来又把奶酪结合在一起,这就形成了奶茶。文成公主觉得这种饮茶方式既有利于健康,又营养美味,就把奶茶赐给大臣们饮用,大臣们喝完都觉得,唇齿留香,肠胃清爽,同时解渴提神,饮奶茶之风逐渐被人们接受,并且在民间广为流传。从此以后,藏族同胞们纷纷开始向内地购买茶叶。后来,文成公主又升级了玩法,把酥油、松子仁和盐一起煮制,经过反复多次的调制和尝试,结合藏区人们独有的生活和饮食习惯,逐渐形成了如今这种香喷喷、油滋滋,好喝看得见的酥油茶了。而这茶香扑鼻,美味可口的酥油茶,也很快就得到了藏区人民的广泛认可。后来,人们为了表达对文成公主的尊敬就把奉酥油茶作为一种赏赐、敬客的隆重礼节,以缅怀文成公主,一直流传至今。

在西藏地区,还有一个关于酥油茶的美丽爱情传说。相传在很久以前的藏区有两个很大的部落,他们因为争抢地盘发生打斗而结下了仇恨,但两个部落土司的儿女却悄悄相爱了。这就惹怒了女孩的父亲,由于本身就有冤仇,所以他派人杀死了男孩,而这个女孩也因为伤心过度,在男孩火葬的时候选择跳进火海一起殉情了。女孩死后化身为茶叶,而男孩则变成了盐湖里的盐,每当人们打起酥油茶时,茶和盐就会再次相遇,在一盏茶中再次相依相恋,这酥油茶也被赋予了生命力。

第四节　土家族擂茶

喝擂茶是土家族同胞千百年来的习俗,世代相传,至今仍然完好地保存。擂茶这种古老的吃茶法又叫三生汤,是指用生茶叶也就是新鲜的茶叶、生姜和生米这三种生的食材混合煮制所得。相传三国时,有一年盛夏,烈日炎炎,久旱无雨,瘟疫肆意,蜀国将领张飞奉刘备之命带兵抗击曹军,途经今湖南省常德县境内的武陵郡,路过乌头村时,张飞部下数百名将士都病倒了,上吐下泻,个个精疲力竭,莫说是打仗,就是行军也非常的困难,竟连张飞本人也未能幸免。张飞无奈,只得下令在村里山边的石洞里屯兵修整,请随军医生治疗。但由于一路上伤病人员较多,药已用尽,急得张飞团团转,一时也没了主意。正在这个危难之际,这乌头村里有一位年过古稀的老草医,见张飞带的军队纪律严明,对百姓秋毫无犯,非常感动,不忍看其兵败,第二天一大早就挑着一担黄白色的汤来到军营求见张飞。张飞见木桶内的药汤呈黄白色,便问道:"请问老前辈,这是什么药汤?"老人答曰:"此乃擂茶,又名三生汤,是我家祖传除瘟疫的秘方"。张飞喜出望外，连忙吩咐染病的将士都来喝擂茶，不出三日，果然茶到病除，大家都康复了。张飞感激不尽，连称老汉是"神医下凡"，说："真是三生有幸！"这擂茶的功效一下子便传开来了，一直流传到现在。其实，茶能提神祛邪，清火明目；姜能理脾解表，去湿发汗；米能和胃止火，健脾润肺，说擂茶是一剂治病解毒的良药，这是有科学依据的。

　　制作擂茶有一种专门的器具，叫作擂钵和擂棍。擂钵是一种特制的倒圆台形状的陶盆，有大号也有小号的，盆内壁上布满了辐射状沟纹，和现在的婴儿辅食研磨器类似，方便食物的研磨。擂棍就是一根木棍，下端刨圆，便于在擂钵中转动。食物通过擂棍在擂钵的沟纹中研磨，不一会便可把食物磨成糊糊状。擂茶的食材有很多，几乎什么都可以拿来制作擂茶，一般的食材有茶叶、米、姜、芝麻、花生、黄豆、盐和桔皮，当然也可以根据四季的不同加入各种青草药，以增加擂茶的药用功能。比如春夏季天多温热，可以加点艾叶或是薄荷；秋季风燥可加些菊花；冬天寒冷，可加些竹叶椒或肉桂。把原料准备好，按照口感和喜好放置于钵中，以圆端沿擂钵内壁用力地来回研捣擂转，直到所有原料混合擂成糊状茶泥，再把糊糊倒入锅中，加水煮沸。或者先在茶碗里放上半茶匙的擂茶糊糊，再注入沸腾的开水，撒些碎葱，便成为日常的饮料了。注水时水温要高，以高冲的方式，水流要又稳又快，让水在碗里冲成一个旋涡，这样擂茶糊糊便可以在旋转的水中自然冲匀，充分利用了水的冲力。奇妙的是，擂茶几乎不排斥任何的配料，几乎所有的食材都可以加入其中。农家取材，极为方便。豆米花生、粉条干果之类应该先煮熟，连水冲入；菇笋香料和肉类应另行炒熟再加；芝麻米花则可直接撒入茶中。既果腹又解渴，既解毒又解腻，用来待客，充满了人情味。身处高寒多湿山区的土家族人民深谙擂茶之妙，养成了喝擂茶的风俗，逐渐也影响了一些周边其他民族的同胞，饭前饭后，总要喝上几碗擂茶，有的老年人甚至一天要喝上三顿，每一顿都喝几大碗擂茶，一天不喝茶，全身就疲乏，精神不爽，浑身不痛快。把喝擂茶看成是像吃饭一样的重要，称之为一日三餐茶饭，总是不能少的，说明擂茶在土家族的地位。喝擂茶的时候，有时还会添几个茶点和小菜配着吃，一般有花生、瓜子、薯片、炸鱼片等，边吃边喝，趣味多多。土家族人民把喝擂茶当作是招待亲友的一道"点心"，分为荤素两种。若是客人吃素，主人就会在擂茶中加入花生、豇豆或是黄豆、糯米、海带等；若是客人可以吃荤，则可以加入一些炒好的肉丝或小肠、甜笋、香菇丝等。初喝擂茶,若苦若甜,似辣似咸,几口下肚,心胸舒畅,神情悠然。当然,因为每个人的偏好不同,口感追求也不同,因此在制作擂茶时还可以加入一些糖、盐、花生米、芝麻、爆米花等,呷茶入口,五味俱全,回味无穷。擂茶既是饮料能解渴,又是良药可治病,其乐融融,乐在其中。随着社会经济的大幅度提升,擂茶的制作工艺也有所改进,人们加入的食材也越来越精细,越来越讲究,既强调功能性,又讲究口感和搭配,清凉可口,滋味甘醇,一方面防病健身,另一方面也承载了土家族人的细心呵护和关爱,温情满满。

现如今,土家族擂茶的原料已经发生了比较大的变化。按地域和民族的不同也有着土家族擂茶、客家擂茶、桃花源擂茶、桃江擂茶、安化擂茶、将乐擂茶、赣南擂茶等很多种,同中有异,各具特色。擂茶,来自于山野,烹制于征途,呈优雅闲适之态,增粗犷豪迈之概。土家族擂茶这个璀璨的瑰宝,亦是我们生活哲学的一种诗化,一种启迪。

第五节　基诺族凉拌茶

居住在西双版纳基诺山的基诺族,饮茶的方式颇为奇特,爱吃凉拌茶,延续了中国古代传统食茶法,是基诺族最具特色的茶文化遗产之一。凉拌茶主要用于基诺族人民吃米饭时佐餐用,其实与其说是饮茶,不如说是食茶,凉拌茶就是一道茶菜。这一种当蔬菜食用的茶,成为基诺族同胞餐桌上的佳肴。

云南山区雨水充沛,土地肥沃,气候温暖,因此茶芽肥壮,鲜嫩度极高。当地人民采下茶芽做成凉拌茶,世代久食而不厌。凉拌茶主要有三种吃法。第一种是连吃带喝,把新鲜茶叶稍微揉软后放入一只大碗里,加入各种调味料比如花生油、盐、大蒜、辣椒、黄果叶、酸笋等,再倒入适量的矿泉水,用筷子搅拌均匀后浸泡15分钟,这碗凉拌茶便可以吃了。吃凉拌茶的时候用一把竹制的小勺把茶连茶带汤一起盛入小碗中,嚼茶喝汤,既可以生津解渴,提神补脾,又可以预防感冒,强身健体,对身处热带雨林的基诺族人来说,这种似药似茶的凉拌茶,不失为一种极好的保健佳品。当然,不同的季节,各种配料也不尽相同,亦可放入各种或荤或素的配料。常见的凉拌茶有很多种组合,比如蘑菇凉拌茶、甜笋凉拌茶、白参凉拌茶、杂伴凉拌茶、凉拌茶拼盘等,多种组合,多种选择。第二种凉拌茶的方法是舂着吃,把稍稍揉制过的茶叶加入野菜等佐料后,放到一个竹制的舂槽内,舂成糊糊状以后再一起食用;第三种方法是将揉制好的茶叶蘸着多种调味料调制的酱汁吃,这种菜肴在辛、酸、苦、辣、咸中透出一股诱人的鲜香,甘甜,香醇柔润、美味可口。凉拌茶,清凉爽口,风格独特,营养价值和药用价值充沛,在夏天经常食用凉拌茶,可以快速恢复体能,补充人体必需的维生素等营养成分。

人类食用茶叶古已有之,基诺族食凉拌茶的习俗据说也已经有了上千年甚至更久远的历史。茶之为用,咀嚼鲜叶是第一步,然后才能逐渐发现其中功效而产生各种制茶方法,对研究茶的使用历史具有重要的价值,这是我国饮茶风俗中药食同源的伟大证明。

基诺族除了食用凉拌茶以外,也会煮着茶叶喝,两种食茶方式都是基诺族人民日常生活中常见的方式。煮茶时先把水在茶壶中煮沸,然后放入一些炒制好的茶叶,煮约 3 分钟,待茶汤浓郁时便可把茶壶中的茶汤倒出饮用。基诺族人民饮茶所用的器具也很有意思,一般都会使用一截竹筒做杯子,扁扁的一头方便摆放,另一头随手一削,略带弧度的尖头更便于人们饮茶。很多族人在田间地头劳作的时候,会随手坎一截竹子盛装茶汤,竹子既是盛具又是饮具,一器多用,十分有趣。

基诺族的制茶方式从凉拌茶开始,经历了四个阶段。第一阶段是火燎鲜茶,把茶叶连树枝一起采摘,手拿着树枝,把鲜叶在火上反复燎烤,直到茶叶干黄卷曲,散发出阵阵香味即可,这其实也有杀青的作用,之后放入竹筒烧煮,就可以饮用了。第二阶段是烧烤茶,把新鲜的茶叶包裹在冬果叶或是大白叶、芭蕉叶等类似大的叶子里面,包两至三层,然后放到火中烧烤,这样烤出来的茶叶焦香阵阵,不仅有茶叶的香味,还有丝丝芭蕉叶的香味,然后把茶叶晾干储存即可。这种制茶方式与基诺族很多食物的加工方式也十分的类似。第三阶段是竹筒茶,这个过程和傣族的竹筒茶有着异曲同工之妙,把茶叶装至一段 40 厘米左右的新鲜竹筒里,便用木棒往里舂边填新鲜的茶叶进去,直到整个竹筒都填满舂紧,然后用芭蕉叶把竹筒的口封好,放在火上烧烤,等烤出鲜茶与竹子的清香味的时候,竹筒茶也就做好了。把竹筒剖开来以后,里面筒状的茶叶便可随取随用,煮制时只要掰下来一块竹筒茶,放入水中熬煮即可。第四阶段是铁锅蒸茶,把一口甑放在铁锅里,隔水蒸茶,这就是蒸青茶了。这使得基诺族的制茶工艺从火烤升级为借助工具制作,制茶生产力大为提高,茶有了更多种可能性。

现如今,在攸乐山地区,依然完整地保存了基诺族独有的用茶和制茶的方式,中国茶文化的衍变轨迹也就这样被保存了下来,登上了历史的舞台。

第六节　纳西族龙虎斗

纳西族历史悠久,对茶也是情有独钟,每日都离不开。纳西族有一首谚语说,早一盅,好威风;午一盅,倍轻松;晚一盅,病去痛;一日三盅,雷打不动。长久以来,油茶、盐茶和糖茶逐渐成了流传于纳西族人民的茶俗,除此以外,纳西族还保留了一种极富神奇色彩的独特茶俗——龙虎斗茶。这是一种用茶和酒冲泡而成的茶,可以解表散寒,治疗感冒,受到纳西族人民的喜爱。

龙虎斗茶听起来很是厉害,其实这"龙"和"虎"便是浓郁的茶汤和高度的白酒。龙虎斗,指的是把刚刚煮沸的茶汤倒入一盏盛有高度白酒的茶盅里,当滚烫的茶和冷冽的酒发生碰撞,便会发出声响,因此称作龙虎斗。纳西族人在感冒的时候会趁热一口将龙虎斗茶喝下去,这浓茶混合高度白酒,一下便会使人浑身发热,大汗淋漓,睡一觉以后,就会觉得头也不昏了,眼也不花了,浑身有劲儿,感冒也就完全好了,比单纯的吃药治疗感冒要管用得多。其实,这龙虎斗治疗感冒,也是有着科学依据的。茶可清热解毒,酒可活血散寒,热茶借助酒发散,还真是具有祛风散寒的功效。

龙虎斗茶的制作方法是,先将一只拳头大小的小陶罐在火塘边烤热,然后把一点当地的晒青绿茶放入陶罐中,架在火上烘烤。这个过程中要不断地抖动和转动陶罐,使茶叶受热均匀,以免把茶叶烤糊了。待茶叶烤至焦黄、茶香四溢时,马上向陶罐中冲入滚烫的开水。顿时陶罐内茶水如沸,泡沫四溢。待泡沫溢出后,再冲满开水。这是等于自然的刮沫了。下面就是小火慢熬的过程,像熬中药一样,架在火上煮个 5 ~ 6 分钟,这时候茶汤便很浓稠了。同时,用一只茶盏斟上半杯的高度白酒,把煮好的茶水趁热倒入茶盏中,当冷酒和热茶相遇,立即会发出"嗞"的悦耳声响。纳西族人民把这种声响看作是吉祥的象征,响声越大,在场的人就越高兴。待响声消失,茶香四溢,真是"香飘十里外,味酽一杯中"啊,喝起来味道别具一格。这种茶既有茶香,又有酒香,把龙虎斗茶趁热一饮而尽,若是再加上一些辣椒,这龙虎斗就更刺激了,保你周身发汗,神清气爽,无比舒畅。

龙虎斗茶,对于常年身居高湿闷热的山区居民来说,确实是一种强身健体的良药。制作龙虎斗茶,茶叶一般选择 5 ~ 10 克,酒量也因人而定。需要强调的是,茶和酒的融合,一定要把热茶倒入酒中,而不能反过来将酒倒入茶汁中,这样浓度稀释之后效果就大打折扣了。

除龙虎斗茶外,纳西族人还喜欢喝油茶、盐茶和糖茶。油茶可以提高人体热量,盐茶可以预防盛夏中暑,糖茶可以增加营养。这些强身健体的饮茶方式,构成了纳西族人的独有茶俗。盐茶、油茶和糖茶的冲泡方式基本上与龙虎斗相同,只是事先准备在茶盏里的不是白酒,而是盐巴、食油或者糖。这其实是人们根据自己不同的口味选择更适合自己的食材冲泡而已。

油茶的制作也很有意思,先将陶罐烤热,放入少量的猪油熬透,再放入一小撮食盐和少量的核桃仁以及大米,在陶罐内炒黄,最后放入茶叶烘烤至焦黄,便可以冲入沸水,这油茶也就做好了。纳西族的油茶和侗族的打油茶味道还是有些区别的,既有焦香的茶味,又有油盐的味道,很有果腹感。

盐茶的制作和龙虎斗很像,只是茶汤煮好后在茶盏里加的是盐而不是酒,或者直接把盐巴放在陶罐里一起煮,并不断地用筷子搅拌,让盐巴融入茶水中,这盐茶也就做好了。喝盐茶的时候一般只把茶汤倒入茶盏中的一半满,然后加入开水冲淡。盐茶茶汤橙黄发亮,浓郁的茶味中带有一丝咸味,是解除疲劳的上好饮品。

烤茶也是少数民族一种古老而又普遍的饮茶方式。少数民族是架在火塘上的文化,很多少数民族饮茶时都会先在火塘上烤茶,烤好之后再进行冲泡或是煮制。制作烤茶的方式和龙虎斗茶也大抵相同,只是最后不用酒。特别是彝族同胞,认为别人烤的茶不过瘾,所以烤的茶一般都由个人独自饮用。如果是邻居或客人来到家中,主人就会递给他一个陶罐,一个茶盏,让客人自己烤,自己斟,自己饮,茶水的浓淡也由自己掌握。烤着茶,聊着天,悠闲自在一盏间。

第七节 侗族打油茶

有客到我家,不敬清茶敬油茶是侗族人素有的说法,每每宾客临门,侗族人客来敬茶的待客之道便是吃打油茶。侗族的打油茶既是饮品又是食品,可以提神醒脑、驱寒暖胃、治病补身,还特别的甘甜味美。油茶可称得上是侗族的第二主食。以前侗族地区家家户户有一个习惯,天还没亮先上山去做一会儿农活,喝一碗油茶就出门,到9点钟再回家吃早饭。中午和晚上收工回来也要先喝了油茶再吃饭,一天至少要喝三顿油茶,顿顿不得少。

侗乡人独创的打油茶,已经成为他们的生活方式。侗乡人喝打油茶像是上瘾一般,一会不喝就浑身难受,唯有一盏油茶在手,那感觉才舒服。侗族的老人家若是喝不上打油茶,还会撒娇责怪儿孙。与侗族同胞杂居一起的苗族、瑶族、壮族等民族,也受到了这种习俗的影响,渐渐地也都喜欢上了喝油茶。离开侗乡到外地工作的人们,还有远嫁的侗乡姑娘们,走到哪儿都会把油茶带到哪儿,这种喝打油茶的习惯也就这样带了出去,传播开来。打油茶习俗特别盛行,主要是受地理环境的影响。侗族人世世代代居住在高寒山区,因为山里湿气重,有瘴气,比较容易受寒。茶叶可以助消化,除滞气,姜和蒜也可以御寒,加在一起,这"侗族的咖啡"便深受大家的喜爱。

侗乡人从哪朝哪代开始有喝油茶的习惯,已经无法考证了,据说是始于唐代。侗族人民祖祖辈辈种植油茶树,家家户户都存有一缸缸的茶油,茶油在手,随时随地都可以打油茶了。油茶要慢慢喝,细细品,侗族流传这样一句顺口溜:"一杯苦,二杯夹,三杯四杯好油茶"。这"夹"也就是涩的意思。这是提醒人民要慢慢品尝,好好领略油茶的风采。喝上一口,回味三天。

打油茶的茶叶要先加工一下,将新鲜的茶叶蒸煮变黄后,取出晾干,再加些米汤稍加揉搓一下,就可以用明火烤干,装进竹篓中,用炭火熏干。或者也可以直接用新鲜茶芽作为主料,依据个人的口味来定。打油茶的原料除了茶叶以外还有"粒粒子",包括黄豆、芝麻、米花、笋干和花生米、葱花、猪下水、糯米饭等。打油茶的米花非常重要。米花要采用阴米，也就是要把糯米蒸熟晾干，然后放到热油中炸熟。将炸好的米花，舀出锅用一个大碗放好备用。重新洗干净锅后，再把锅放到火上烧热，倒入少许茶油，放入茶叶爆炒，炒出香味后，加水直至没过茶叶，小煮一会茶汤。准备好碗，将茶叶过滤茶渣后倒入碗中，再加入各种食材，比如说炒粉肠、炸黄豆、花生米等，再加点葱花，美味的油茶就做好了。喝打油茶，连油带汤，又香又爽口。

侗族人热情好客，无论走到哪儿，只要有人请你喝油茶，这就是把你当成贵客来招待，如果你太客气或者不喝油茶，反倒是对主人的不尊敬了。吃油茶的时候，所有人围坐在桌旁或是锅灶旁，看着女主人亲手煮制油茶。奉茶的顺序也是遵循了尊者优先的原则，第一碗油茶端给长辈或是贵宾，以表敬意，接着依次端送给其他客人和家里人。接到油茶后，不能立刻就吃，这样会显得太粗俗，要等到主人说请用茶，这时大家才一起端起碗来吃油茶。之所以说是吃油茶，是因为油茶碗里有许多的食材，得用筷子帮着吃茶。在吃油茶之前，主人会递给你一根筷子。在侗族地区吃油茶，每人至少要吃三碗，这才显得懂事，不然会被认为是对主人的不尊敬。吃完第一碗油茶，你把自己的碗递给女主人即可，她会按照客人的座次顺序依次把碗摆在桌上或是炉灶边，再次盛满油茶后再端送给客人，更绝的是，每个人的碗绝不会弄错，这也是一门技术活。当然在吃油茶的过程中，客人要适时地赞美油茶的鲜美可口，赞美主人的手艺不凡，这也是对主人热情好客的一种回敬。吃了三碗以后，若是客人已经吃饱了，不想再吃了，就把筷子架在碗上，女主人就会把碗收走；不然女主人就会一直给你盛油茶，主人也会一直陪着你喝。

过年时喝的油茶特别有讲究，一般而言是需要吃四道油茶的，叫作一空、二圆、三方、四甜。一空，是说第一道的油茶里不放主食，只放花生米、米花、油果、瘦肉、猪肝和粉肠等食材；二圆是说这第二道油茶要在第一道茶的基础之上再增加一味汤圆；三方是说这第三道油茶要在第一道茶的基础之上增加一些切成方粒的糍粑；四甜，是指最后一杯油茶是甜的，让客人喝糖水润润喉、清清嘴。这是有着美好的寓意的。一空，要清空所有的私心杂念；二圆，所有的人都能团团圆圆；三方，做人要方方正正；四甜，往后的生活甜甜美美，幸福永远。四道油茶要一饮而尽，全部吃完，油茶一吃要吃到底，不吃到底就不讲礼。侗族的女主人还有一个超级本领，不管喝茶的人再多，她也不会记错你的茶碗，换上新茶来,这碗依然是你的。据说侗族姑娘结婚时还有"新娘油茶"的考验。侗家媳妇在新婚第二天就要给家中的长辈打油茶喝,新娘子要记住每位长辈的碗,千万不能记错,这是考验新娘的第一关。通过考验之后,这新娘子才算是真正入了门。如果谁家里的女主人油茶打得好喝,她在家里的地位也就会更高。

第八节　羌族罐罐茶

　　流行于我国西北地区的罐罐茶,是用茶罐在火上边烤边饮的一种饮茶方式,羌族同胞自古便有喝罐罐茶的习俗。羌族人民对于火有着先天的崇拜,他们在外出狩猎时都会随身带一只陶罐,获得猎物后直接就地生火,把猎物放在陶罐里煮着吃。随着生产、生活习俗的不断演变,生存方式逐渐从狩猎变为农耕,但以陶罐煮食的习惯却流传了下来。只是煮食的内容发生了变化。这便是罐罐茶的由来。羌族人民崇尚自然,认为茶是神灵赐予的圣物,无论是日常生活,还是羌寨的节日庆典或是红白喜事,茶都是必不可少的。民间歌谣唱得好,"东南路里水泡茶,城西两路面罐茶。北路河里油炒茶,熬茶的罐罐鸡蛋大"。这"面罐茶"和"油炒茶"便是羌族罐罐茶中极具有代表性的两种饮茶方式了。罐罐茶味道浓烈,保健功效显著,不仅满足了羌族人民喜爱吃牛羊肉的要求,也通过茶汤化解了油腻和腥气,达到开胃、消食生津的效果,营养丰富,清香爽口。羌族人民起床后的第一件事,就是先用木炭生火,在陶罐里放上茶叶添上水烤于炭火旁,然后端来干馍或者炒面。等罐里的水烧开后,就把茶水倒入杯中,吃一口馍,呷一口茶。要是遇上风雪天气,将火炉放在炕上,乡邻好友围炉而坐,双手捧碗、微笑对视,把茶话桑麻,一喝就是一整天。

　　相传,羌族罐罐茶为"治水英雄"大禹的妻子涂山氏所创造的。大禹治水"三过家门而不入",常年奔波操劳,肌体消瘦,面容憔悴,羌族百姓们看了着急,大禹的妻子涂山氏更是心痛难过。她想方设法帮大禹调理饮食,送去既营养又可口的茶饭。经过数百次的尝试,她终于调制出了"罐罐茶"这种独具特色的饮、食两用饮品。

有一个民间谚语说："煮茶罐罐二寸八，两头小来中间大。"说的就是这煮茶的罐罐。一口茶汤下肚，你就能尝到被茶水浸泡后的各种食材的味道，有茶的清香，有豆腐的嫩滑，有鸡蛋的香醇，还有被藿香泡过的核桃仁，百般滋味，令人垂涎。煮这种茶特别讲究火候，即便配料一样，不一样的火候煮出来的滋味也相距甚远。在家里做得一手好罐罐茶的女主人特别受到人们的敬重，大家也都以能做得一手好罐罐茶而引以为傲。

羌族的面罐茶制作极其讲究，在做茶之前，一般都要先加工好调料食材，有的甚至多达十几种。一般的食材有炒鸡蛋、炒核桃仁、炸黄豆、煎腊肉丁、炒豆腐丁等。加工好以后，分别用碗盛好以备用。熬茶时，用一大一小两个陶罐，大罐用于熬煮面浆，将水倒入罐内后，配以葱、姜、茴香、藿香、葱头、花椒等香料，加一点盐，架在火塘上熬煮，水沸之后，就把凉水调好的面浆倒入罐内，煮熟以后放置备用。那个小罐用来煮茶，把茶放入小罐内加水煮沸，然后把茶汤倒入大的面罐里进行调和，最后倒到小碗中，放入炒好的各种佐料，这面罐茶也就做好了。面罐茶里的食材佐料密度是有差异的，所以这面罐茶是分层的，有的食材沉入碗底，有的食材浮在中间，有的食材漂在表面，特别有意思，羌族人用楼层来形容茶汤，一层茶汤算是一层楼，所以这茶汤又有"一层楼，两层楼，三层楼"之说，最多甚至到六层楼，层层口感香味都不同，丰富细腻，提神暖胃，至今长盛不衰。

羌族的油炒茶又叫炒青茶或者清茶。一般用来招待年长或珍贵的宾客，是一种当地礼遇极高的款待。先把茶罐架在火上烤热，然后加入一勺油，烧热后再放入一勺白面，接着把捣碎了的核桃仁放进去，不断地翻炒，炒好后用筷子拨到罐子的一侧，再往罐子里加一点油烧热，加入一些新鲜细嫩的茶叶和一点点盐继续翻炒，逐渐茶香四溢，再加水煮沸就可以饮用了。

吃罐罐茶可是很有技巧的，你若是不会吃，那仍然体会不到这浓郁的羌族风味的。吃罐罐茶要把各种食材配料放入一个盛好罐罐茶的碗中，把核桃饼掰下来一小块，把它当成是小勺子，搅拌一下配料后就捞着食材一起吃。这种粗犷而又独具特色的饮茶方式，能够让我们聊着天，喝着茶，吃着饼，品味它无限的韵味。

罐罐茶提神化食,驱病利生。在不断的发展变革中,各地羌族同胞饮用的罐罐茶也逐渐出现了原料上和制法上的不同,风味也各具特色。

第九节　傈僳族雷响茶

　　傈僳族人们对于雷响茶的执迷是与生俱来的。傈僳族人民离不开火塘,在他们生活的地区,火塘文化似乎占据了他们全部的生活。除了农耕,几乎所有的人都会围着火塘,享受剩余的大好时光。傈僳族人对于火是独有情怀的,什么东西都想拿来烤一烤,因此在烘烤野兔、山羊、土豆和燕麦的时候,他们无意中发现,原来茶叶也是可以烘烤的。也许是觉得这种单纯的茶香没有层次感,因此傈僳族人开始尝试在烤茶的同时加入其他各种调料一并烤制,终于,当他们试着把核桃仁、花生米、酥油和盐加入茶罐中一并烤制时,他们听到了雷响声,犹如从天空中传来的声音,顿然感到那个内心的胆怯,那个在门外游动的坏运气已经被吓走,被驱逐到山林中去了。

　　傈僳族有个创世神话。传说远在洪荒时代,有一天突然山风怒吼,雷电交加,江水咆哮,毁坏了庄稼和房舍,吞卷了人群和牛羊。有一对失去父母的兄妹,由于预先得到了金色鸟的警告,藏身在一个大葫芦里,随着洪水漂流,等洪水退去时他们已经漂到了一座大山上,大地再也没有其他的人了。这时,那只金色的鸟儿飞来告诉他们,只有他们俩赶快结婚成家,才会有第三个人的出现。兄妹俩只好顺应天意成婚生子。他们生了六男六女,兄弟姐妹长大成人后,分成六对去谋生,一对向东走,成了汉人;一对向南走,成了白族人;一对往西走,成了景颇族人;一对向北走,成了藏族人;一对往怒江方向走,成了怒族人;还有一对留在了父母的身边,他们就成了傈僳族人。就这样,各民族互相帮助,在怒江、澜沧江、金沙江三江河谷繁衍生息,和谐相处。因此,雷响茶也在白族、藏族、彝族等少数民族中非常流行。

　　在傈僳族人民看来,这茶汤响声越大就越吉利,这是吉祥美好的象征,暗示着美梦成真。那雷鸣般的响声是怎么发出来的呢?这与他们的茶叶冲泡方式有关系。在傈僳族家庭里,每天早晨起床后的第一件事情就是在火塘上烧开水和烤茶。他们用一大一小两个瓦罐一起烧，大瓦罐烧水，小瓦罐烤茶，不断地抖动摇晃小瓦罐，使茶叶均匀受热。等茶叶被烤得变成金黄色，烤出焦香味以后，就把大瓦罐里的水倒入小瓦罐里煮沸，煎煮一小会儿后把茶汤过滤倒入酥油茶筒里。加入盐和捣碎的核桃仁、花生酥油，再将鹅卵石在火上烧红烤热，然后用夹子夹住放入酥油筒里，以提高茶汤温度，融化酥油。这烧红的鹅卵石一放入酥油筒里，整个筒内茶汤"嗤嗤"地响，这声音像打雷似的，因此也叫作雷响茶。这响声是美好生活的开始，但凡雷响，不仅贵客将至，也会有好消息传来，雷响声越激烈，美好便越肆意，未来会更加的美妙。

等响声过后，再用木棒在酥油筒内上下搅动，使他们充分融合，就可以享受这杯回甘浓烈，回味无穷的雷响茶了。这个过程和藏族的酥油茶也是有些相似的，不过多了这烧红的鹅卵石来助兴。

而白族、彝族也都有喝雷响茶的习俗，所不同的是，白族和彝族的雷响茶是靠沸水冲入茶罐发出响声来营造欢乐氛围的，当沸水和滚烫的瓦罐骤然相遇，在这突然升腾的水汽和雷鸣般悦耳的回响声中，每个人脸上都写满了幸福和祥瑞，屋里充满了欢声笑语。有意思的是，雷响茶的响声，竟然还有"男儿茶"和"女儿茶"之分，男儿茶是指在发出响声的同时，从瓦罐里还会冲出一些气泡；女儿茶则是说只有响声没有气泡飞腾出来。但在这时，茶还是不能喝的，要在水汽散去后，再用文火慢煮十几分钟，精心等待茶水再次煮沸，这时方可倒入杯中慢慢享用。雷响茶淡淡的焦香和清香结合，悠远的茶香配上红艳的茶汤，成为白族、彝族和傈僳族人民非常喜爱的一种饮品，"早起三杯雷响茶，干活一天不觉累"。

雷响茶是历史的，又是时尚的。它以一曲曲流行的音律，带给人们无限的畅想和对未来的期许。傈僳族人围着火塘，感受生命繁衍，感受温暖慰藉，探索一切的幸福与美好。

第六章

茶艺的对外传播

中国茶的氤氲乘风破浪，来到了世界各地，并结合了各个国家、各个地区独有的国情及生活习俗，成为全世界人民喜爱的饮料。中国茶有着茶人精神，其不经意之间呈现的文化精髓、乐生精神、审美精神和真善美精神，无疑给这片叶子增加了几多韵味和气节。中国茶艺是完美的形式与精神的结合体，既生活化又艺术化，既人性化又仪式化，更随着人类社会的进步而不断地与时俱进，积极探索，不断前行。茶艺是艺术的、时尚的、健康的、科学的、综合性的、感受型的。在历史的长河中，这片叶子漂洋过海，承载着中华人民的智慧和文化，传播到了世界各地。

第一节　韩国茶礼

韩国有着数千年的饮茶历史。韩国的茶是从中国传承过去的。韩国古籍《三国史记》卷十《新罗本记》中有明确记录，在公元 623 年的新罗二十七代善德女王时期，韩国的遣唐使金大廉先生把珍贵的茶籽从中国带回，埋在了地理山也就是如今的智异山下的华岩寺周边，后来遍布周围的各个寺院中。直至公元 7 世纪，韩国的茶文化才逐渐成为韩国传统文化的一部分，饮茶之风大盛。韩国是一个尊孔崇儒的国家，十分重视家庭伦理道德的教育，并以茶礼规范家庭秩序、传承传统文化之礼节。民间十分重视茶礼，无论是婚丧嫁娶还是迎来送往，或是年节祭祀等,茶礼都是各项仪式中的核心。茶礼,结合了禅宗思想和人性教育,借由此,韩国茶文化成为形而上学和形而下学的完美结合。1945年韩国茶文化再次复兴,饮茶风俗又重回人们视线。80年代中期韩国釜山女子大学开始开设茶道课程,与此同时,各流派的茶道团体也逐渐壮大,先后成立了十几个具有影响力的茶道团体。

韩国茶礼的理念和思想是韩国茶圣草衣禅师创立的。草衣禅师以中国儒家的中庸思想为基础提出了"和、敬、俭、真"的四字宗旨。所谓和,指人们心地善良,互相尊重,互相帮助,和平共处;所谓敬,是指彼此之间的相互敬重,以礼相待;所谓俭,指生活俭朴、清廉;所谓真,指以诚相待,为人正派。深受中国古代佛教茶礼和儒家礼制思想影响的韩国茶文化,在不断地传播发展中,形成了"中正"精神,通过身心的宁静忘却烦恼,达到人与自然合一,进入茶道的精神世界。

韩国茶礼以中国茶艺为基础,结合了韩国人民独有的文化,形成了独具特色又极具魅力的形式与内涵。韩国茶礼大多有着固定的流程,动作规范,不浮夸,通过泡茶、喝茶可以达到集中精神进入冥想境界,从而心境平和,享受生活。韩国茶礼以礼施教,重视韩国文化、音乐、服饰等传统习俗与茶礼的结合。通过茶礼的呈现,保持人的身心健康,泡茶时优美的身姿和心灵的结合,使人们感受温和的姿态,享受茶的世界,最终升华到美丽的人生。韩国茶礼是一门综合的艺术,亦是得道的途径。

中华茶艺和韩国茶礼大致相似,都是以泡茶为主,点茶为辅。中国茶文化讲究道法自然,注重茶的品饮艺术、冲泡艺术,即茶艺;韩国茶文化讲究儒尚礼仪,注重礼仪形式,即茶礼,"工夫在茶外"。

一、文化同根同源

韩国茶文化源自中国,由僧人带回韩国并种植传播,茶禅一味是参禅学佛的境界,同时也是茶文化的最高境界,茶与禅,茶道与禅宗,既殊途同归又相辅相成,相得益彰。中华茶艺,融儒、释、道三家哲学思想于一体,以和为贵,返璞归真,纯净自然;而韩国茶礼则深受中国佛教和儒家思想的影响,把儒家的中庸思想作为韩国茶礼的核心内涵,形成韩国茶礼的"中正"精神,讲究中庸之道。韩国的许多茶典尤其是历史文献,也几乎多是中国古籍。中韩茶文化可谓是同根同源。

二、感官享受与精神内涵

中国茶艺与韩国茶礼有很多相似之处,特别表现在以茶修身和以茶怡情的精神层面,而在日常生活以茶待客时,中韩茶礼则突显出了其差异性。

中国文化是讲究乐生的,是生活化的,不是仪式化的。中国茶艺崇尚自然、简朴,不拘礼法形式,追求精神的自由和人性的纯朴、率真,无拘无束,随性而为,而韩国茶礼则极其注重茶的礼仪和形式。茶艺,使人在平和的环境中互相快乐地交流,通过优美的身姿和心灵的结合,使人们感受温和的姿态享受茶的世界。但,优美的身姿并不是狭义地指人的样貌或身材优美,快乐的交流也并非要载歌载舞,而是一种茶气的引导,心灵的交汇。中国茶艺具有多样性和趣味性等特点,因为地大物博,茶艺表演形式也与当地饮茶习惯密不可分。因此,如何把握好"度",既不死气沉沉,又不张扬浮夸,让感官像鲜花般开放,是我们要仔细斟酌的问题。中国茶文化不仅强调茶艺,还强调茶道,以艺示道,以道驭艺,二者结合,用心体会。艺,并非指技艺。技艺是基础,艺术是表现形式,道则是最终的心理诉求。茶,需要借助艺术的表现手法绽放其生命姿态。

韩国茶礼,是礼规,以茶礼规范家庭秩序,约束自我,感悟人生,传承传统文化之礼节。韩国茶礼与日本茶道有着异曲同工之妙,在行茶过程中更加注重精神内涵,没有多余的语言,花哨的动作,漂亮的华服,只有程式和礼仪,静静伺茶,慢慢品茶,这种神圣感和崇敬感,能够直击人内心,从而悟出茶之真味。

韩国茶礼大致有新罗茶礼(图6-1)、祭祀茶礼、仪礼茶礼、生活茶礼(图6-2)、儒士茶礼(图6-3)等几大类。新罗茶礼为煮茶法,其他皆为散茶冲泡法。因为韩国盛产绿茶,因此所泡之茶基本都为绿茶。

图 6-1　新罗茶礼

图 6-2　生活茶礼

图 6-3　儒士茶礼

　　仪礼茶礼主要有行礼、出具、温杯、投茶、冲泡、出汤、奉茶、净具、收具、行礼几个步骤。出具时，打开红、蓝茶旗，并依次把杯盏和熟盂翻转（图 6-4）。从汤罐中取水至熟盂中（图 6-5），温热后倒入茶壶，并依次倒入杯盏中。投茶时，把茶罐中的茶叶以前后滚动的方式倒入茶则中，并双手倒入茶壶中。取水至熟盂中，待水温凉至 80℃时，倒入茶壶中闷泡 40 秒左右，其间可以顺时针方向温热杯盏。出汤时，先用手腕以顺时针方向轻晃茶壶，以使茶叶充分浸泡，再把茶汤均匀倒入杯盏中。奉茶时往往搭配小茶食一并请客人享用，一般客至家中，会使用添杯茶盏进行续泡。待客人喝完茶后，把茶盏收回并净具（图 6-6），收具后行礼。

图 6-4　翻杯

图 6-5　取水

图 6-6　净具

　　纵然,现在国内还是能够看到很多过于花哨或炫技的茶艺表演,但我们可以看到,中国茶艺和韩国茶礼在修身养性和以茶问道等诸多精神层面都是极其相似的,而呈现方式也因国情和两国人民生命姿态和心理诉求存在着差异性。

第二节　日本茶道介绍

日本茶道主要分为抹茶道和煎茶道两种,结合了日常生活行为与宗教,伦理道德和美学,是一种综合的艺术呈现。茶道品茶很讲究场所,一般均在茶室中进行,一般以置放四叠半的"榻榻米"为度,小巧雅致,结构紧凑。

日本茶道起源于中国。公元 805 年,荣西从中国留学归来,带回了茶籽、茶具和点茶法,茶叶漂洋过海,来到了日本。日本抹茶道主要有三大流派,分别是表千家、里千家和武者小路千家。采用家元制,一代代传承至今。日本茶道的动作极其严格而繁复,最为正规的茶道要持续近四个小时。茶道过程中并不是要强调那一招一式的动作,其核心内容其实是它所表达的仪式或形式。

日本茶道鼻祖千利休提出了"和敬清寂"的理念(图 6-7)。"和"是指和乐,互相愉悦;"敬"是对他人的敬爱之心;"清"是指自己和周围环境的清洁与整理,清的不仅是人,还有人心;"寂"指的是摒除一切不需要多余的东西,以达寂静之感。"和敬"是主宾之间的心得体会,强调心灵空间美学;"清寂"是一切具体器物的相关要求,强调环境空间美学。"和敬清寂"四个字,是茶道的精神美学,遵从自然生长的规律。

日本茶道的规矩比较讲究,茶室之美,在于简朴,在于素雅,在于精致,在于用心。在清雅别致的茶室里,陈设着插花和字画。插花多以小而精致的花为主,就地取材,自然美好,借枯枝藤蔓营造东方美学的寂静之感,以达到特有的自然审美情趣和哲学观念。字画大都体现出茶室主人的素养及审美,也会根据不同的季节、时辰、茶会主题、茶室结构悬挂不同的字画,以传递茶室主人美好的情趣和意图(图 6-8)。除书法作品外,表现空寂的水墨山水或是淡彩也成为日本茶室字画的选项。茶室中间放着风炉或是茶釜,用来烧煮热水,以备点茶之用。

图 6-7　日本茶道精神

图 6-8　茶室的插花和字画

茶会开始时,茶室主人在门口等候,等待客人坐定,茶室主人会先奉上精美的小甜点,以供客人品尝(图6-9),然后汲水点茶。

图6-9　日本茶食

温热茶盏后,用茶匙盛两匙半的抹茶茶粉入茶盏中(图6-10),再往里注入沸水约80克(图6-11),右手执茶筅,左手执碗,以右手手腕的力量使茶筅在茶盏中沿"M"状点茶(图6-12),使茶粉和水充分地融合,茶汤表面有一层细密而丰富的沫浡,然后依次递送给客人品饮,点一盏茶,奉给一位客人;再点一盏茶,奉给下一位客人,这样依次奉给客人品饮。客人品茶时应双手执盏,先向茶室主人致意,再分几小口把茶汤和沫浡喝干净,最后一点沫浡可以吸饮至口中,若是吸饮时口中发出一些声音,则表示对茶室主人点茶技艺的高度赞赏。茶汤喝完后,用大拇指和食指轻擦杯盏口,然后在怀纸上擦干净手指,再仔细欣赏茶盏。茶会结束后,客人鞠躬告辞,茶室主人需要送至门口,跪坐在门侧以送客。

图 6-10　投茶

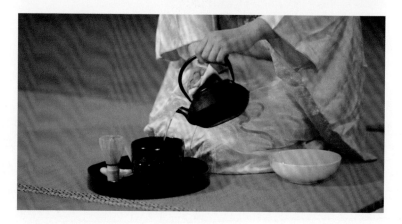

图 6-11　注水

图 6-12　点茶

　　日本女性在结婚之前必须要学习茶道，他们认为，茶道是"正确的言行举止"，要从训练一举手一投足开始（图6-13、图6-14）。唯有摒弃一切多余的动作，保持内心的沉静和谦卑，在这举手投足间才能够呈现出令人愉悦、发人深思的仪式美。悟茶即是悟道，在这一起一落间实现自己人生的修行。

图6-13　茶道练习过程

图6-14　日本茶道练习器具

　　我们坐着时光穿梭机，看到了千年以前人民的饮茶方式，而这种饮茶方式在现在的日本极为盛行。从简单到复杂,感受茶与人之间的一期一会(图 6-15、图 6-16)。

图 6-15　日本茶道练习

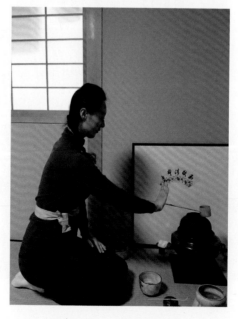

图 6-16　日本茶道练习

第三节　东南亚与西亚地区

　　东南亚地区很多国家由于距离我国比较近,受汉文化影响也比较深,比如马来西亚、新加坡等国,饮茶习惯和我国汉族相似,喜欢清饮,体验茶之真香本味。新加坡还有喝长茶的茶俗,把泡好的红茶加入牛奶,然后把奶茶由一个杯子倒入另一个大杯子里,两只杯子间距约一米,来回倒七次,且整个过程中奶茶不能外溢。长茶喝起来口感柔和,非常过瘾。越南因为毗邻我国的广西,饮茶习俗也较为相近,喜欢喝玳玳花茶。泰国、缅甸等国家的饮茶习惯和我国云南一些少数民族较为相似,喜欢吃茶菜,把茶叶腌着吃,通常是在雨季进行腌制。药食同源,腌茶其实就是一道菜,吃的时候把茶叶和香料搅拌后,直接放进嘴里吃即可。吃腌茶一方面可以汲取茶叶中的维生素等营养物质,另一方面因为腌茶又香又凉,非常适合气候炎热,空气潮湿的地区,因此腌茶成了当地世代相传的一道家常菜,保留了我国古代食茶的古风遗俗。而印度、巴基斯坦、孟加拉国、斯里兰卡等国家的饮茶习惯则受西方影响较大,大都喜欢调饮法,仿效英式下午茶,以喝咖啡的方式来饮茶,喜欢甜味红茶或甜味红奶茶,或往里加入豆蔻,以增加清凉的感觉。印度还有一种辣茶,是在茶水中加入牛奶、糖、姜、胡椒和各种豆蔻、桂皮、丁香等香料,味道非常独特。斯里兰卡人在饮茶时会调制成各种果味茶、姜红茶等来满足不同客人的需求,但是往往不加奶,认为奶会破坏茶叶原本的香气。最特别的要数印度尼西亚了,他们不爱喝热茶,喜饮冰茶,在冲泡好的红茶中加入糖和一些甜味作料调和,随即放入冰箱,一年四季从冰箱中随饮随取。

　　西亚地区人民由于饮食习惯的原因,大都喜欢喝较浓的红茶或绿茶,泡茶方式也以煮饮为主,或直接用沸水冲泡,之后再往茶汤里加入糖、奶或者柠檬等,多喜饮甜茶。他们饮茶也非常随意,把西方喝咖啡的习惯用到了饮茶上面,给茶加点果汁,给茶加点糖,给茶加点奶,因此各种名目的茶层出不穷,让人眼花缭乱。要么在茶里加些冰,或者加点果肉,来一点牛奶,加一勺糖,反正只要以茶为主题,东南亚、南亚那些炎

热的午后,便找到了寻找冰凉、惬意的理由。

在伊朗,喝茶已经成了生命中必不可少的事情。伊朗禁酒,而茶能够提神醒脑,强身健体,以茶代酒就成为最好的选择。喝茶时,把茶汤盛在小巧玲珑的玻璃杯里,然后把糖直接放入口中,再小口啜茶,使茶汤和糖在口中慢慢地融合,涩中带甜,满口生香。有些糖还裹着柠檬皮,一咬,满嘴生津,再把略带涩味的茶灌入口中,以舌尖略略搅动,着实令人心驰神往。若是配以一般的方糖,伊朗人也能玩出花样来,先用两只手指捏着放糖,在茶汤里蘸一蘸,再放入嘴里,待它在舌上未化之时,啜一小口茶汤,与口中的糖充分地融合,足以令人的味蕾充分绽放,大叹一声,好茶!

第四节　欧洲茶艺

欧洲地区茶艺以英国的英式下午茶为代表。而英国这个历史上从没有产过一片茶叶的国家,却通过来自中国的舶来品,创造了独属于自己的饮茶方式,"英式下午茶"以其丰富的内涵和优雅的形式享誉天下。英式下午茶的精巧和贵族气息在人们考究的穿着和精致的茶点中便有所体现。鲜美甘醇的奶茶,香甜可口的点心,味蕾的享受与滋润,让忙碌的身心得以宽慰。

三层塔点心的第一层放置的是咸味的三明治,第二层放置甜点,第三层放置水果或水果塔,随心搭配,由淡而重,由咸而甜。一口咸味三明治,激发味蕾活力,几口醇厚芬芳的红茶(图6-17)再配上些入口即化的甜点,那丝丝甜意在嘴中慢慢散发,从口腔钻入心扉,好不享受。

英式下午茶最早起源于19世纪初期的维多利亚时代,有一位英国公爵夫人,她非常懂得享受生活,因为常常在晚饭前觉得肚子有些饿,但又还没到那必须着盛装且礼节繁复的晚餐时间,就在百无聊赖中请自己的女仆帮忙准备了几片烤面包,一些奶油和一杯中国茶,一方面果腹,另一方面也很打发时间,很是享受。后来,她常常在下午4点左右邀请亲朋好友或闺中密友到家中来共同享用茶点和品茶,同时闲话家常,这样午后惬意的时光竟让人心向往之,欲罢不能,很快便成为当时贵族社交圈的风尚,并且逐渐形成了一种优雅自在的英式下午茶文化,一跃成为正统的英国红茶文化,登上了历史舞台,这也就是人们常说的"维多利亚下午茶"。后来,一些国家根据本国人民的饮茶习惯和口味,对英式下午茶的饮茶方法做出了改进,形成了自己的泡茶饮茶风俗。

图6-17　英式下午茶

欧洲其他地区的人民饮茶习惯也和英国类似,喜欢喝比较浓郁的红茶和香味茶,茶汤里加入大量的糖或甜味的食材。

横跨欧亚两洲的俄罗斯人民在饮茶时喜欢使用茶炊,有着"无茶炊便不能算是饮茶"一说,俨然是俄罗斯传统文化的标志。这是一种烧开水用的壶,一般是由铜制成的,也有用不锈钢制的,有点像我国烧木炭的铜火锅,上面再加个水龙头。茶炊的下部配有一个空心圆筒,用来烧木炭。俄罗斯人几乎家家都备有茶炊。茶炊不需要花太多的时间来煮茶,茶的味道极为香浓,且可以保持一定的高温。俄罗斯人民喝茶极为讲究,茶具要配套,既有茶杯又有茶托,哪怕是用玻璃杯喝茶,也需要把杯子放在一个金属的套内。俄罗斯人大都喜欢喝甜味红茶,且喜欢喝浓茶,喝茶时拧开茶炊的水龙头泡上一杯茶,再加入糖、柠檬片或者蜂蜜、果酱等甜味的食材,茶炊旁边再放一点俄式的点心、果酱、巧克力和蛋糕。有时也在茶中加入点朗姆酒,既暖了身子,又富有乐趣。

第五节 非洲茶艺

非洲饮茶主要集中在西非地区,该地区的人们普遍信仰伊斯兰教,崇尚不饮酒,而茶因其具有提神醒脑、解渴止乏的功效,从而成功地取代了酒,成为西非地区的首选饮料。饮茶成了西非人的一大嗜好,无论是亲朋相聚,还是婚丧嫁娶,甚至是宗教活动,均以茶待客。西非地区处于世界上最大的沙漠——撒哈拉大沙漠附近,一年四季天气炎热、气候干燥,因此这里的人们出汗多,体内的营养物质和水分消耗巨大,而茶就可以起到消暑热、降体温、补充体内水分的作用,同时还具有消食解腻,补充维生素等营养物质的功效。

西非地区喜爱饮茶的国家主要有:摩洛哥、毛里塔尼亚、塞内加尔、马里、几内亚、尼日利亚、赞比亚、尼日尔、利比里亚、多哥等,且都喜爱喝绿茶。这与绿茶的药理功能和怡人的口感分不开,是西非人民每日的必需品。因为生活习惯和饮食习惯的原因,西非国家人民喝茶非常喜欢喝浓茶,投茶量极大,并且饮茶频率非常高,喜欢在茶里面加入一些新鲜的薄荷叶和白糖等作料,俗称薄荷糖茶,煞煮后饮用。让清香甘醇的茶和甜美营养的糖以及清凉解暑的薄荷三者相融合,功效奇特,味道诱人,闻起来清香甜凉,喝起来有凉心润肺之感,成为西非人民每日必不可少的饮料。

煮饮薄荷糖茶有一套程序和专用的茶具,所用茶叶主要是我国的珠茶等绿茶,煮饮方式采用了中国古代的煮茶法。煮茶时把茶叶、糖和鲜薄荷叶加上净水一起放入特制的铜壶内,用炭火烧煮,待茶浓味香时,就可以倒入到茶杯中饮用了。薄荷糖茶味道独特、香甜醇厚,有提神解乏、增进食欲、帮助消化、消食解腻等功能。薄荷糖茶一般饮用不超过三杯,因此又称作三杯茶,同时还会给客人准备一杯凉开水,以缓解喝浓甜茶时的甜腻感。无论是在家中朋友聚会还是大型的宴请中,客来敬茶,开怀畅饮,饮茶作乐,大家一边品茶,一边聊天,海阔天空,不亦乐乎,因此饮茶也成为西非人民表达彼此之间敬意的一种方式,客来敬茶,一饮而尽,主宾皆宜。

第六节　美洲及其他地区茶艺

一、美洲地区茶艺呈现

欧洲饮茶风靡一时,一些人移民到美国后,自然也就把饮茶的习惯带了过去。美国被称为咖啡王国,但也有很大一部分人喜欢喝茶。在美国,茶叶的消耗量占第二位,仅次于咖啡,成为人们主要的饮料之一。美国人随性惯了,崇尚快节奏文化,饮茶也比较讲求方便和快捷,追求高效率,因此不愿意为冲泡茶叶这样的行为而浪费时间,也似乎懒得把茶渣倾倒出来,因此美国人都喜欢喝速溶茶,用喝咖啡的习惯喝一切饮料。直到1908年,美国茶商托马斯·沙利文发明了袋泡茶,将茶叶装入滤网球后,再放入杯中冲泡饮用。1920年左右,又用布把茶叶扎成小球后入杯冲饮,袋泡茶包装机应运而生,这种快速、方便、清洁、干净的饮茶方式,一下子便在美国、加拿大等国流行开来。袋泡茶的发明使得人们的生活节奏更加快捷,崇尚自由的美国人不仅品尝到了风味绝佳的茶,还免去了清理茶叶的繁复工作,茶这一饮料一下便走进了千家万户。美国人喜欢高冰高糖,喜欢喝冰的饮料,无论春夏秋冬,皆喜好饮冰茶。因此很多人冲泡好茶叶后都会将茶叶放入冰箱冷却,或者在茶中加入大量的冰块,喝的时候再加入大量的糖或是蜂蜜、柠檬、甜果酒等调饮,甜而酸香,冷香沁鼻,清凉爽口,惬意非凡。

与美国相邻的加拿大,生活习惯和饮食习惯与美国极其相似,也喜欢饮英式下午茶和美式冰茶,有时还会往茶汤里加入一些乳酪,以增加茶汤的口感和回味。

二、南美洲地区茶艺呈现

南美洲是一个盛产咖啡的地方,但同时,阿根廷、巴西、秘鲁等国家也是世界上主要的产茶国。南美洲的厄瓜多尔、圭亚那、玻利维亚、哥伦比亚、委内瑞拉、智利、巴拉圭等国家,也都把喝茶当作是一种生活习惯。南美洲地区人民喝茶方式和欧洲、美洲较为相似,喜欢喝奶茶,喜欢喝冰茶,也是选用方便的袋泡茶或速溶茶。更有意思的是,还有些人喜欢把茶和咖啡混着冲泡一起喝。

除此以外,南美洲地区人民还喜欢喝一种非常独特而流行的茶——马黛茶,以阿根廷人最为痴迷,被视为"仙草"和"神茶"。阿根廷的马黛茶年产量可达40多万吨,居世界第一位,被称为"马黛茶王国"。无论是街头还是巷尾,公园内还是办公室,朋友聚会还是高端宴请,激情四射的比赛看台上还是百无聊赖的候机室、候车厅,随处可见阿根廷人悠然自得地端着茶筒在津津有味地喝着马黛茶。双手把独特的茶筒抱在身前,一根亮晶晶的铜制吸管含在嘴中,眯着双眼,享受至极,仿佛人间最幸福的时刻不过如此。想必喝马黛茶就是最好的休息了。

马黛茶其实并不是茶,它是一种常绿灌木叶子,属于多年生木本植物,和冬青科大叶冬青相类似,原产地巴西,是一种典型的"非茶之茶"。据说土著印第安人一千多年前就开始嚼马黛茶的叶子,以抑制饥饿,补充体内水分,后来又将马黛茶的叶子碾碎后沏水泡着喝,以达到提神醒脑,补充营养成分,帮助消化的作用,很多人甚至用喝马黛茶来代替吃早餐。现在马黛茶的加工制作方法和我国的白茶加工大致相同,把马黛茶的叶子采摘后自然晒干,然后碾成茶末。喝茶时,可以只喝马黛茶,也可以把马黛茶和茶叶混合一起饮用,有的还在茶汤中加入糖、柠檬、蜂蜜、牛奶等食材,以丰富口感。把马黛茶放入一个小筒中,冲入开水,再用一根吸管吸饮小筒内的茶汤即可。这根吸管长约15～18厘米,直径不到1厘米,一头为吸管,一头为中空的椭圆形小球或者呈扁梨形的汤匙状,上面钻有很多的小洞眼,有一点像我们滤网的功能,以免吸饮时把茶的碎末吸入口中。吸管多为金属制的或是银制的,十分精致。一家人或是一堆朋友围坐在一起的时候,就用同一个器具同一根吸管,轮流吸吮喝茶,边喝边聊。小筒里的水快喝干的时候,再续上热开水接着喝,一直喝到聚会结束为止。这是南美洲地区人们表示友好的一种表现。有意思的是,主人还会通过往马黛茶里加入不同的食材调制而成不同的味道来表达自己充沛的情感,含蓄而富有情调。比如在马黛茶中加入糖,则表示友好、热情;加入肉桂,则表示思念和关心;加入橘皮,则表示心有所属,海誓山盟;加入柠檬的,则表示清新脱俗,善良婉约;若是加入苦涩的食材,则表示今天心情不佳,一般是不会请人来饮用的。其间百味,均在这一只小筒中呈现。也正是因为如此,这个喝茶的小筒也就逐渐地极为讲究。在南美洲地区,用什么样的茶具来接待客人比给你喝哪种马黛茶本身要重要得多,就像西方人招待客人讲究餐具一般。比较简单的小筒是由一个竹筒或者葫芦挖空制成的,在壶面上也没有什么装饰,顶多包一层铝铂显得亮丽一些。而高档的茶壶则是一种艺术品,做工精致,有金属模压的,有硬木雕琢的,有葫芦镶边的,也有皮革包裹的,甚至还有动物的蹄、角制成的,外表刻上或烙上各种图案,镶嵌上银饰、铜饰或者彩瓷,精雕细刻,形状千奇百怪,以稀为珍,以怪为贵。壶的外壁刻有马头、鹦鹉、山水、花鸟、天使等各种图案,这是一种带来好运的祝福,还有的通过独特的图案象征着怀念和友谊。还有一些镶嵌着各种颜色的宝石的,在灯光的照射下熠熠生辉,着实让人目不转睛,膝不移处。

三、大洋洲地区茶艺呈现

大洋洲,地处南半球。茶是大洋洲人民喜爱的饮料,主要的饮茶国家和地区有澳大利亚、新西兰、巴布亚、新几内亚、斐济、所罗门群岛、西萨摩亚等。尤其是新西兰,人均茶叶消费量是世界第三位。大洋洲饮茶,大约始于19世纪初,随着各国经济、文化交流的加强,一些传教士、商船将茶带到新西兰等地区,逐渐地,这样一种神奇的饮料在大洋洲各地流传开来。斐济还尝试开始种茶,并且获得了成功。大洋洲的饮茶习俗深受英国饮茶习俗的影响,喜欢喝牛奶红茶或是柠檬红茶,糖成为喝茶必不可少的作料。味道浓烈、口感香醇、刺激性强的红碎茶成为大洋洲地区人民的首选,并且强调一次性冲泡,茶水分离,茶汤中不出现茶渣,因此喜欢喝袋泡茶。

新西兰人茶叶泡制方法,大体使用英国方法——烹煮法。泡茶常用两只壶,一只盛茶,另一只盛热水,茶的浓度按照个人口味来调节,但茶的浓度要远远高于其他国家和地区。新西兰人习惯加糖加乳,喜欢浓烈、红艳的汤色,喜欢外形粗壮、乌润、紧结重实的大号红碎茶,用袋泡的方式冲泡。咂一口浓郁的奶茶,咬上一片涂了奶油的面包或是奶油饼干,每天的幸福从一杯茶开始。新西兰是一个泡在茶汤中的国家,人们每天饮大量的红茶,不管是家中饭后的小酌还是办公室的提神醒脑,茶叶已经强势地融入人们的生活中,以社交为目的的早茶和下午茶也处处可见。客至家中或者双方会谈的时候,一般都会先奉上一杯茶,以表示欢迎和客气。

第七章

茶席设计

第一节　茶席设计的主题

茶席设计,指的是以茶为灵魂,以茶具为主体,在特定的示茶空间形态中,与其他艺术形式相结合,所共同完成的一个有独立主题的茶道艺术组合整体[29]。茶席,首先是一种物质形态,其实用性是它的主要特征,同时它又是艺术形态,由茶品、茶具组合、铺垫、插花、焚香、背景、相关工艺品、茶点、茶人等物态形式构成其基本的要素,极大地为茶席的内容表达提供了丰富的艺术表现形式。茶席不等同于茶室、品茗环境、饮茶场所,而是其中特定的、不可缺少的部分,我们应该将茶席与品茗空间区分开来。

茶席设计有着自己独立的结构形式。它以铺垫为平面基础,以主泡器具也就是茶具为空间表现的核心,由此形成并变化其丰富的结构形式。茶席设计作为静态展示时,其形象、准确的物态语言,会将一个个独立的主题表达得异常生动而富有情感。当对茶席进行动态的演示时,茶席的主题又在动静相融中通过茶的泡、饮,使茶的魅力和茶的精神得到更加完美的体现。

"茶席"是一个新鲜的词汇,其实早在陆羽的《茶经》里,就能依稀窥得"茶席"的影子。一件件器具于山野林泉之畔铺之,俨然一方天然的茶席。最早的茶席主要指品茗环境,从狭义的视角来看,现代茶席的概念主要指用于泡茶和饮茶的空间。

茶席设计是需要多个元素共同组成的艺术整体,以茶为主要灵魂,茶具为主体,以茶品、茶具组合、铺垫、背景等为表现形式,在特定的空间形态中,并且结合其他艺术形式而形成的一个艺术整体,既具有实用性,又具有艺术性,结合了静态之美与动态之美的丰富美感,不仅通过实物器具的形象、色彩、结构等表现出来一种安静闲适的美感,又通过茶人的冲泡动作和品饮行为体现出了美学的意念,体现了茶与器具的和谐统一,在动静结合中兼具了功能性和观赏性。

茶席设计的理念秉承了茶文化的精神内涵,以茶为本,精行俭德,将这种美好的品质上升为茶人的至高追求,通过饮茶来提升自己和修身养性。茶的美是一种淡泊之美,也是茶的精神之所在,与志趣互为表里,通过布置茶席来使人守静和养静,从而达到现代人追求的"廉、美、和、敬"的美好茶德。

首先,设计茶席需要明确其主题概念,方便茶席中的各个元素紧密围绕在一起,达到茶、器、境的统一与协调,因此茶席的主题选择被认为是茶席设计的第一步。一定程度上来说,主题决定了茶席的风格特色,而一旦茶席的主题和风格确定了以后,其审美意蕴也就完成了一大半。中国传统的审美世界丰富多彩,各种美学思想争奇斗艳,充分体现出了中国传统文化的内涵,比如儒释道等中华传统精神皆有其自身的审美格调。茶席的主题,既蕴含了各个要素本身的客观意义,又集中体现了茶主人对其的认识和理解,通过一席茶席表达出丰富多彩的核心内涵和独特见解,可以理解为是茶主人个人的情感和审美的表达和传递。其次,茶席设计要以"茶"为主。茶席设计的重点是要泡出一壶好茶来,也需要表达出茶本身的特性。最后,茶席设计最终是为人而设计的,无论是视觉的审美还是茶汤的品鉴,都是为了人的物质、精神的追求和享受,在眼耳鼻舌身意的享受中,感受艺术氛围带来的心灵的熏陶和疗愈,让感官像鲜花般绽放。

第二节　茶席设计的要素

茶席设计是由不同的要素组合而成的,通过茶主人的理解,呈现一个人、茶、器、物、境等相互融合的茶文化艺术空间,将多种元素、多种文化形式有机融合,不同的茶主人往往会有不一样的表达。一般而言,茶席大都包括十大要素,分别为:茶品、茶具组合、铺垫、背景、插花、焚香、摆件、茶食、茶人和音乐。

一、茶品

茶品是茶席的灵魂,是茶主人考虑的首要要素。茶席最早就是因茶而生,为茶而服务的。不同的茶席,应该首先考虑茶品的特性,根据茶品选择适合的整体风格,比如能够激发茶叶品质的器具、风格契合的铺垫颜色和材质等等。比如冲泡名优绿茶,往往会选择浅色系的铺垫和白瓷或是玻璃器具等能够直接观赏茶叶汤色和外形的器具,而很少会选择深色的铺垫以及紫砂等器具来冲泡等。

二、茶具组合

茶具组合是茶席设计最具体的表现形式,是茶席设计的主体,在选择时应兼顾功能性和艺术性。茶席设计要考虑茶和茶具的质地、造型以及色泽的协调性,切勿一味追求美观而失去了最核心的茶与茶具的呼应。

1. 质地

茶具的质地主要有金、银、铜、铁、锡、漆、瓷、陶等几大类。与旧时的由身份高低定夺茶具质地不同,如今的茶具选择更多的是与茶席的主题、风格、设计理念、茶品等方面相契合即可。

金、银质地的茶具因为价格高昂,更多集中在唐宋两代的富贵人家或宫廷所用,铜、铁、锡等金属质地的茶具主要作为烧火和煮水所用,漆器茶具主要以盏托和茶碗为主,日常茶席中并不太常见,瓷质茶具历史悠久且非常普及,陶质茶具特别是紫砂茶具能够激发茶的香气和滋味,质朴高雅,造型优美,深受人们喜爱。

2. 造型

茶具的造型丰富多彩,细致精美,直观地呈现了其艺术审美,为茶席的视觉效果带来无尽的美感。

3. 色彩

茶席设计中茶具的色彩要与所用茶品的品质特征相契合,以能够衬托出茶汤颜色为佳。比如唐代大都煮茶,茶的颜色以碧绿为主,在茶具色彩的选择上也会更加偏爱青色。宋代时兴点茶,崇尚白色,因此深色的黑釉盏便大受欢迎。明清后因为饮茶方式的改变,茶具的色彩也越发缤纷多彩,人们在茶具色彩的选搭时也有了更丰富的选择。

三、铺垫

铺垫是指茶席上的铺垫物,是茶席美的衬托,既具备功能性,可使茶具或其他器具不直接接触桌面或地面,又兼具审美性,烘托了整个茶席,在茶席设计中起到了不可低估的作用。一般常见的铺垫材质有布艺、竹席、棉麻、纤维制品等等。

1. 铺垫的类型

(1)织品类:主要有棉、麻、化纤、蜡染、印花、毛织、织锦、绸缎、手工编织等。

棉布类的铺垫主要在呈现传统题材或是乡土题材的茶席中较多使用。麻布类古朴大方,极富怀旧感,常常用来表现古代传统题材或是乡土和少数民族题材。麻布分为粗麻和细麻两种,粗麻因其硬度高、柔软度差,较多作为小块局部的铺垫作用;细麻相对柔软,因此多作大面积铺垫使用。

(2)非织品类:树叶铺、纸铺、石铺、竹编、草秆编等。

现在很流行原生态古朴原始的铺垫,以树叶、纸、石、竹,或是草秆

等作为铺垫,古朴自然,很能够呈现茶席韵味和独特性,是现在较多人在做创新型茶艺时的选择。不铺是指以桌几、台子或是地面本身为铺垫,直接利用桌几、台子、地面本来的颜色,保留某种质感和色感,看似不铺,其实是另外一种形式的铺,对茶主人有较高的审美要求。

2. 铺垫的方法

为了营造更多的视觉美感,铺垫会有多种呈现的方法,使用较多的主要有平铺、叠铺和立体铺等。

（1）平铺

平铺是一种最基本的铺法,也是茶席设计中最常见的铺法。平铺就是用一块比桌大的铺垫平着铺在桌上(或几上、台上、地面上等),将铺垫的四边自然垂下来,触地为宜。平铺还有一种形式,就是用比桌子(或几、台子)稍小一些的铺垫,直接铺上即可。平铺基本上适合所有题材的茶席布置,因此又被称为"懒人铺"。

（2）叠铺

叠铺是指在不铺或平铺的基础上,叠铺成两层或多层的铺垫方法,层次感相对而言较为丰富,也能够更好地呈现茶席主题,增加茶席的艺术美感,表达茶主人内心独有的情感。比如三角铺、对角铺等方法都是叠铺较为常见的使用方法。

（3）立体铺

立体铺是一种艺术的铺垫方法,可以借用其他的支撑物营造出立体的或是某种物象的效果,例如绵延的远山、连绵的草地、弯弯的水流等,从茶席的主题和审美的角度设定了一种物象环境,更能传递茶主人的设计理念,产生情感共鸣。

四、背景

茶席设计的背景具有一定的主题引导和氛围营造作用,将无限的茶席限定在有限的视觉范围内,使茶席主题更饱满、印象更深刻。茶席设计的背景分为动态和静态两种。动态的茶席背景大都通过多媒体设备来呈现,以影像资料为主,能够给观赏者更直接的视觉冲击和信息传递。静态的茶席背景既可以以大自然、窗户等自然环境为背景,又可以运用一些装饰来呈现,比如屏风、书画卷轴、博古架、挂毯、喷绘作品或电子照片、PPT 等来呈现,以达到更丰富的视觉或听觉效果,让观赏者从多个角度去感受和理解茶席。茶席设计的背景一定程度上也传递着茶主人的人生态度、人生情趣和精神境界。

五、插花

插花是茶席设计的点缀,是以自然界的鲜花、叶草为原料进行的艺术再塑造,与茶席主题遥相呼应,画龙点睛,增加艺术美感。

一般而言,茶席设计的插花以东方式插花为主,讲究线条和形态,通过对线条曲直、粗细、疏密、刚柔的把控来表现不同的造型,营造出唯美境界,体现出茶的内涵和精神,其花器也以素雅古朴的小型花器为主,整体呈现出一种简洁幽雅、清新淡雅、精致恬淡的意境美,与茶席融为一体。

六、焚香

盛唐时,文人雅士、权贵显要常常在聚会中吟诗作乐,争奇斗香,渐渐地,熏香也成为一门艺术,直至宋代,发展为士大夫的"四艺"之一,成为修身养性的重要内容。焚香可以唤醒大家的嗅觉,美化生活、天人合一,为茶席增加了一丝灵动和飘逸。

一般而言,香料分为天然香料和合成香料两种,天然香料又分为动物性香料和植物性香料,是指从动物和植物中获取的香料。一般茶席中的焚香都以自然淡雅的天然香料为主,以营造宁静、祥和的品茶氛围,帮助观赏者凝神静气,净化心灵。但茶席中的焚香不能影响到茶本身的香气,否则本末倒置,清雅尽失浮夸有余,则茶席的意境也会被破坏。

七、摆件

玩赏摆件是茶席的小装饰物,在衬托茶席主题的基础上还能烘托和深化主题,特别是一些有寓意的、有独特含义或指向性的摆件,能够和观赏者引起情感共鸣,往往能够更直观地深化主题。

八、茶食

茶食分为以茶入点和以茶佐点两种类型,从生煮羹饮到茶宴,茶食经历了"茶果""茶膳""茶点"等多个称谓,其内涵和外延也不断地发生着变化。

茶食不是茶席中必要的要素,可以根据茶席的主题和风格自由选搭,以免产生突兀之感。有一句顺口溜叫做"甜配绿、酸配红、瓜子配乌龙",说的就是茶食的选搭方式。这是指喝绿茶的时候往往会搭配甜一点的茶食,因为绿茶中的茶多酚和咖啡碱含量相对偏高,因此喝起来会有一些苦涩的味道,吃一些甜甜的茶食能够很好地中和口中的这种苦涩味,因此绿茶和甜食搭配最为适宜。比如在日本茶道中,茶主人就会在点茶之前先请客人用一个甜甜的茶果子,然后再为客人点茶。这样客人刚吃了茶果子,口中难免会产生甜腻之感,再饮一盏清口鲜爽的抹茶,味蕾便也绽放出了幸福的满足感,更好地去感受茶之本味。同样,在喝红茶的时候我们会搭配一些偏酸的茶食,而在喝乌龙茶的时候往往会搭配一些干果类的茶食等。淡淡的茶香,浓浓的回味,偷走你味蕾最敏感的柔软,让人念念不忘。

总结而言,茶食的选搭,要注意适宜性、美观性、多样性、文化性和时代性等几个方面,以使茶食的搭配与茶品相适宜,在视觉效果上注重色彩、造型和风味融合,符合各民族、各地域茶席的主题,满足其文化内涵,符合现代人们越来越精致化、便捷化、健康化的生活方式。

九、茶人

茶人是茶席的引导者,或者说,一个好的茶席可以借由茶人自身独有的韵味来增加和丰富茶席的美感,因此茶人也被称为茶席的活风景。历史上最早出现"茶人"这个词的是唐代陆羽的《茶经》一书,"茶人负以采茶之……"这里的茶人是指采茶之人,不同于本文所指的茶席设计之人或品茶之人。所谓茶人之美,大都指的是茶人的形象、形体之美和内心之美两方面。

茶人的形象、形体之美,体现在茶人的一言一行中,得体的言行,优雅的体态,朴素的着装,淡雅的妆容,都显示着茶人淡然自若的气质和婉约柔和的茶人精神。"廉、美、和、敬"是新时代茶人精神的写照，静以修身，俭以养德，在茶人的道德情操、品行修养、个人风范和精神面貌中呈现茶人的美好和雅致，非宁静无以致远，非淡泊无以明志。人生中若无简淡之境，则无由高远。在人生种种艰难状态下的举重若轻，常可以在简淡的茶席中呈现，在不完美的世界中感受完美，哪怕只有一盏茶的时间。遇水不改其本色，超然物外的性格情操，祥和与安宁的人生品格，皆为最质朴的品德真善，静心去躁，宁神醒思，自得一种随缘自适之心。这也是中国茶人特别喜欢茶席氛围的营造，注重环境之清幽、意境之高雅、人境之温馨、心境之闲适的原因，既是心的解脱，又是心的修行。比如中国茶人往往喜欢野幽清寂的自然环境例如松林、竹林、小溪、池塘，也喜欢一切装修简素、格调高雅，与茶的自然特性相协调的品茗环境，引发品饮者的心灵共鸣和亲切的美好人境。

十、音乐

茶席设计中的音乐能够满足人们的听觉享受，让人们更直观地获得多维度的美感，感受茶席主题，感受茶席韵味，调动情感和回忆，引起观赏者的情感共鸣，同时让茶主人在流畅、有韵律感的氛围中呈现茶艺的全过程。茶席中的音乐，在茶席呈现中强调了一种主观导向，在茶席的色彩、形状、线条等视觉方面刺激和引导的同时，通过声音在意境、情绪、文化等方面对品饮者进行心理刺激和引导，会不自觉地牵引品饮者的思维和情绪，使其与呈现的视觉效果相辅相成，共同服务于茶席的主题和风格。

一般而言，茶席中音乐的选择要与茶席的主题和风格相统一，比如在设计一席以"喜茶"为主题的茶席时，可以选择唢呐、笛子、胡琴、锣鼓、扬琴、琵琶等更能体现欢快热闹、幸福和睦氛围的民族乐器；在设计一席以"宁静致远"为主题的茶席时，则可以选择古筝、古琴、箫、埙等乐器更能呈现茶席的亘古、悠远、深沉和抒情的美感，这样有助于推动观赏者的情绪，让茶席作品艺术升级。茶席中的音乐是为整个茶席作品服务的，音乐给予了茶席深层次文化的再次诠释和演绎，是文化的托举，通过音乐来展示不同的时代、不同的国度、不同的地域、不同的民族和不同的环境所造就的文化差异，呈现不同的音乐艺术。比如在设计以"草原"为主题的茶席作品时，音乐可选择由蒙古的传统民族乐器马头琴来演绎的乐曲,既可以体现蒙古人民对辽阔草原的热爱,又能够展现蒙古人民乐观、勇敢、刚毅的性格,帮助观赏者更加直观地进入茶席所营造出来的情境和氛围,从而引起情感共鸣。

茶席中的音乐不仅仅是悦耳和放松心情而已,更多的是对茶席艺术的赏析,通过对音乐的旋律、节奏、曲式、和声、乐器、风格、历史背景、地域文化、作者情感和经历等方面的客观分析和了解,选择最为合适的音乐,借由丰富的音乐文化更好地为茶席服务。

一般的茶席作品往往会选择由古筝、古琴、琵琶、箫、笛、葫芦丝、埙等传统乐器演奏的古典名曲,或是大自然的天籁,这些乐曲往往能够使人沉静下来,去其浮华,平和淡定,身心得到放松,使茶性得到发挥,茶席的主题也能得到更好的呈现。比如说《阳关三叠》《平沙落雁》等乐曲,把江河湖海的磅礴、山野清风的温柔、鸣奏禽鸟的娴静、虚无缥缈的月色和流连忘返的美景带入茶席之中,纯粹自然,温暖舒畅,让人仿佛置身于大自然之间,肆意徜徉在茶的世界。还有一些茶席设计者倾向于选择某些契合、阐述茶席主题的音乐,通过优美的旋律体味人生哲理,那些愉悦、美好、动听的乐曲也在不经意间流淌进了观赏者的心里。比如一些舒缓的流行音乐或伴奏、国风歌曲或伴奏,甚至是一些游戏背景音乐,都可以成为茶席设计者的选择。例如《溪行桃花源》《云水禅心》《绿野仙踪》《太极》《雾空山》《故乡的原风景》《梦回雨巷》《枫林》《稻香村》等,只要内容与茶席的主题和风格相契合,所选音乐的形式和内容也是可以进行大胆地创新的。适合的音乐对茶席作品可谓是锦上添花,契合主题的音乐能够直击心灵,让观赏者对茶席作品留下极为深刻的印象。

第三节　茶席设计的原则

茶席设计既要具备功能性,又要兼具美学性,因此茶席设计的原则围绕如何更好地呈现茶席主题,如何科学合理地选搭茶器具,如何更紧密地结合其实用性和美观性几个方面展开讨论。

一、呈现茶席主题

在茶席设计的过程中，一定要明确茶席的主题。茶席的主题分为很多种，比如以茶品为主题的茶席，"西湖双绝"茶席是以虎跑水和龙井茶为主题的茶席；"茉莉皇后"是以茉莉花为主题的茶席；"采菊东篱下"是以菊花茶为主题的茶席。还有以事件为主题的茶席，"一颗红心"是以红色主旋律为主题的茶席；"空城"是以疫情当下的事件为主题的茶席；"打靶归来"是以军旅生活为主题的茶席。比如以传统茶俗为主题的茶席，"潮州工夫茶"是以传统的潮州茶俗为基础进行艺术再创造的茶席；"白族三道茶"是以白族迎客的三道茶为主题的茶席。比如以季节为主题的茶席，"夏日未至""秋"等展现春、夏、秋、冬不同景致为主题的茶席。比如以人物为主题的茶席，"陌上花开"以钱王钱镠为主题设计的茶席；"茶圣陆羽"是以陆羽为主题，讲述了他痴茶、爱茶、敬茶的一生。比如以节日、节气为主题的茶席，"虎虎生威"是以虎年的春节为主题设计的茶席，展现了红红火火、热闹喜庆的过年氛围，让茶席充满了年味儿；"端午茶香"是以端午节为主题设计的茶席，在这个最具诗意、最可怀远的节日通过茶席感受古人的智慧和文化，体会茶与传统节日之间的碰撞。当然，茶席还可以以抽象的意境为主题，例如表现浪漫、抒发个人情怀或情感的主题等。当茶席的主题确定后，茶席的各个要素便要根据这个主题来进行设计，围绕主题，紧扣主题，表现主题。

二、科学合理地选搭茶具

茶席中的茶是灵魂，而茶具则是茶席设计所承载的主体，茶和茶具的选搭要科学合理相适宜，茶具要为茶服务，不能喧宾夺主，因此在茶具的选搭上往往需要根据茶品来确定茶具。例如茶品为绿茶的茶席，为了展现绿茶优美的外形和汤色，宜选用透明的玻璃茶具或白瓷茶具；茶品为红茶的茶席，为了体现其汤色的明亮，宜选用内挂白釉的茶具；茶品为黑茶或乌龙茶的茶席，为了呈现其古朴典雅的特质，宜选用紫砂或是粗陶等茶具。当然，茶具的选择除了和茶品相契合以外，还要与茶席主题的年代、地域、民族和内容等相适宜，方为最合理的选搭。在选择茶器具时，茶具的整体性也是设计者需要考虑的问题，最好使用一整套的

器具,切忌在茶席中使用过多不同颜色、不同材质的茶具,材质尽可能在三种以内,颜色也不宜跳跃性过大。

三、实用性和美观性相结合

茶席设计,既要实用又要美观,在使用过程中发现器之美,在美感的享受中体会便捷与舒适。一般而言,实用性是茶席设计的第一原则,在此基础上再去考虑其艺术性和美观性,或者说,茶席的美感是为实用服务的,是在满足了实用之后的高级审美。一个好的茶席应该符合人体工学的原理,不仅好用省力,还能给我们的身体视觉器官和感官带来愉悦感,充分展现和谐之美。可以说,茶席设计中看似漫不经心的摆放其实都是经过深思熟虑的思考和设计的。

在满足了基本的实用性功能的基础上,运用色彩的搭配可以更直接地吸引观赏者的眼球,引起他们的关注,进而使他们慢慢地感受茶本身的深邃和美好的精神境界。红色、橙色、黄色等暖色调可以使人心情舒畅,产生一种兴奋感,增加我们肾上腺素的分泌和血液的循环;青色、灰色、绿色等冷色调能够让人沉静,给人以安全感和包容性,具有较强的稳定性。不同的颜色都会通过视觉影响人们的内分泌系统,从而影响人体荷尔蒙的分泌,导致情绪的变化。茶席设计的过程中就需要利用各种颜色的功能和效果给人的视觉和心灵带来一定的刺激,以达到愉悦和美的享受。

第四节　茶席设计的文案撰写

茶席文案是帮助茶席设计者更好地表达内心情感,方便观众理解茶席的介绍。好的茶席文案可以使观众清楚地了解设计者的设计理念,了解其各个要素及其原因,最终产生同理心,引起情感上的共鸣。一般而言,茶席设计文案包括以下几方面的内容。

一、题目

好的题目能够直观地表达茶席的主题意蕴,同时呈现茶席设计者的文化内涵。茶席的题目可以直接以茶席主题或人物来命名,例如"茶马古道""英式下午茶""阿楚姑娘";也可以以茶席所呈现的季节或节气来命名,例如"立夏""冬至";亦可以选自某首诗歌或古文,例如"一片冰心在玉壶""执子之手,与子偕老";或是以表达茶席情感的话语来命名,例如"心有千千结""梦中的橄榄树";或是以某种意境来命名,例如"合和""静""寻"等。

二、灵感来源和茶席主题

介绍茶席设计的主题、灵感来源、设计者对此的特殊情感等。吸引别人的是概念,打动别人的是情感,详尽的描写有助于情感的传递。例如在茶席作品"爷爷泡的茶"中的灵感来源介绍为:"爷爷在我上大学那年就过世了,爸爸怕耽误我的学习,迟迟没有让我知道。寒假时,当我知道了这个消息,只能站在爷爷的墓前,对着墓碑上爷爷和蔼的照片和刻的那一排生硬的字痛哭流涕。后来,每当我想爷爷的时候,就会模仿他的样子,从牛皮纸包着的茉莉花茶中抓出一小撮茶叶,拿到鼻下深深地闻一闻,再放到那只白色的大瓷壶里,倒上滚烫的开水,盖上盖子,再倒到那个画着大红喜字的杯子里,大大地喝上一口,发出'啊'的一声赞叹,就像爷爷还在世的时候一样,心里也就温暖多了。"例如茶席作品"疫情之下"中的灵感来源介绍为:"一场疫情笼罩大地,上亿中国人的生活被按下了暂停键,人们隔离在家中,时时关注那一串串确诊数字,但我们不害怕,因为有这么多的'大白'在保护着我们,在这场没有硝烟的战争中,我们感受到了人世间的温暖和大爱,大家越来越团结,每个人都在做好个人防护的同时尽力帮助别人,用我们一颗滚烫的心去勇敢,去奉献,去期望,我们终将战胜疫情,回归美好的幸福生活!白色防护服的背后,都是一个个平凡人,但他们穿上这身白色外衣,他们便是我们的英雄。他们守护了我们,为我们的城市拼尽全力,今天,我也想尽自己所能,为大白煮一壶老白茶,让他们在这个寒冬能喝上一口热茶。"通过灵感来源的诠释,让观赏者能够直观地理解茶席设计者的构思和情

感,引起情感共鸣。

三、茶席设计的各个要素

详尽地介绍、讲解茶席设计的各要素及其深层次的原因。讲解要围绕科学泡茶的理念,紧紧围绕主题来介绍,可以是科学层面的解读,也可以升华到情感层面的解读。

1.茶品。介绍茶品的种类、名称、特征和选择的原因。例如在茶席作品"一片冰心在玉壶"中,设计者对茶品的介绍为:"茶品:滇红加玫瑰花。我的老师极爱喝红茶,她总是说红茶那种甜甜蜜蜜的味道能让人心生喜悦。有一日我给她泡了一壶滇红,老师喝了之后,径直打开了一小盒玫瑰花,往里面加了两朵,摇了摇茶壶,然后放在我面前让我闻,那一刻的幸福感让我至今都记忆犹新。向老师致敬,我选择了老师最喜爱的香气浓郁的滇红和玫瑰花茶,希望老师能永远平安喜乐。"例如在茶席作品"西湖双绝"中,设计者对茶品的介绍为:"茶品:西湖龙井。色绿、香郁、味醇、形美的西湖龙井和甘甜醇厚的虎跑水并称为'西湖双绝',有'唯虎跑水可得龙井茶'之说。十分之茶遇八分之水,茶亦八分;八分之茶遇十分之水,茶亦十分,可见好茶和好水皆不可缺。"

2.茶具组合。茶席中的茶具组合是构成茶席的重要元素,要具体介绍茶具的材质、器型、色彩、内涵及其摆放方式,以彰显茶席主题,营造文化氛围。例如在茶席作品"云水禅心"中,设计者潘丹丹对茶具组合的介绍为:"主泡器:德化羊脂玉陶瓷侧把壶,配三只德化白瓷品茗杯,自由摆放在洒落的鹅卵石上,在氤氲的水雾间,伴随若隐若现的片片莲叶,茶托也以莲叶代替,摇曳生姿,步步生莲。"(见图7-1)

例如在茶席作品"意中人"中,设计者对茶具组合的介绍为:"主泡器:龙泉弟窑粉青青瓷大号盖碗,更能衬托云雾茶翠绿的汤色,色调淡雅,纯净无瑕的粉青,显得这翠绿的汤色也更加灵动了起来。品茗杯为两只龙泉弟窑粉青青瓷口杯,放置在竹制的方形茶托上,配一把银壶,让茶品在口感和香气上更加淋漓尽致,和梦中的他一起看月亮,一起嗅桂花,一起追随不可遗弃的彷徨。"

图7-1　云水禅心（设计者：潘丹丹）

3.铺垫。介绍铺垫的材质、颜色、方法等。例如在茶席作品"芳华"中，设计者对铺垫的介绍为："铺垫：以叠铺的形式呈现，底铺为米色平纹布，上面叠铺一层浅粉色雪纺纱，并以一个一个大小不一的圆形绣片作为点缀，以体现在花开花落的芳华岁月中，一路馨香，一路优雅的旖旎缱绻。"例如在茶席作品"雨打梨花深闭门"中，设计者对铺垫的介绍为："铺垫：以大红色亚麻面料为底铺，中间平铺一个米白色汉服款抹胸，以表达少女怀春的心事，未成曲调先有情，勾勒出闺中女子怀春又娇羞的复杂心情。"

4.背景。介绍背景的表达方式，比如彩喷、织品、屏风、静态的PPT、动态的视频、挂帘、大自然的落叶、书法画轴、纸制品等的内容和选择此背景原因。例如在茶席作品"喜茶"中，设计者对背景的介绍为："背景：以藤制屏风为背景，上面贴有大红喜字，以表达一种浓浓的喜庆之风。"例如在茶席作品"踏雪寻梅"中，设计者对背景的介绍为："背景：以动态视频为背景，视频内容5分钟，主要为各个地点的雪景，包括北京故宫、长城、杭州断桥、苏州拱桥等。通过视频呈现漫天飞雪映衬着红墙金瓦以及园中山水，营造一幅幅迷人的画卷，引人入胜，让人进入冬日白雪皑皑的静谧中，感悟'梅须逊雪三分白，雪却输梅一段香'的美好意境。"

5.服装。茶主人所穿服装的颜色、材质等。泡茶所穿服装应该以方便泡茶、方便饮茶为原则，也要符合茶本性简的精神，同时提升茶主人自身气质,与茶之美浑然一体,让人能够放松自然,体现宁静致远的美好意境。近几年来,"茶服"这个概念越来越被人们所接受,这种宽松、禅意、素雅的棉麻服饰不仅舒适凉爽,还便于泡茶,更能体现传统古典的中式美和大道至简的东方韵味,把客人带入禅意的精神境界,温润内敛,缓溢华光,被越来越多的茶人所喜爱。可以这样理解,茶服呈现了人们对返璞归真的追求,是茶人精神的另一种体现形式,是国人对传统文化的追溯以及对现代快节奏的生活方式的思考,是一种对美好生活的向往。目前国内的茶服大都分为两类,即传统茶服和现代茶服。传统茶服主要是我国历朝历代服装的复原与再设计,往往结合汉服的元素,有宫廷类、宗教类、文仕类和地方民族类几种。现代茶服更为符合现代人的审美理念,结合传统茶服的若干元素进行改良设计,更适合日常穿着,也更美观简洁,呈现出自然、简单、质朴、随性、温暖的茶之本味。例如在茶席作品"十里红妆"中,设计者对服装的介绍为:"服装:表演者身着大红色中国传统结婚喜褂,女士头戴大红色盖头,配以红色绣花鞋,男士胸前带一朵大红花,以烘托喜庆、热烈的氛围。"例如在茶席作品"月满西楼"中,设计者对服装的介绍为:"服装:选择长裙款白色棉麻茶服,配以白色绣花鞋,以体现设计者那深深的思念、淡淡的忧伤、委婉缠绵的闲愁和月圆人未圆的凄凉。"

6. 音乐。音乐的名字、特征和选择原因。例如在茶席作品"隐"中,设计者对音乐的介绍为:"音乐:采用陶埙独奏版《阳光三叠》,更能体现'渭城朝雨浥轻尘'的空灵通透和岁月沧桑。"例如在茶席作品"云水禅心"中,设计者对音乐的介绍为:"音乐:现场古筝弹奏乐曲《云水禅心》,既点明主题,又展现了上善若水般的宁静悠远,让人在清幽的山林间静听泉水流淌的声音,禅之意境,尽在云水之中。"

以上是茶席文案必须要详尽说明的内容,当然还有很多非必须要素,比如插花,需要介绍花器、花的品种以及插花的方式。焚香,需要介绍焚香的方式、摆放位置、香品的选择、香炉的材质和器型等。泡茶用水,比如"西湖双绝"茶艺对于泡茶用水的要求极高,因此在文案中也需要重点介绍一下泡茶用水及其原因。除此以外,还有一些特殊的小摆件,比如能够表达设计者特殊情感的小装饰物等。比如表达童年回忆的茶席,可在桌面上放一些儿时的玩具或是装饰物等小摆件,营造氛围,帮助观众达到情感共融。

四、静态茶席的照片

照片一般由两张构成,一张是正面照,即观众视角的照片,另一张是俯拍照片,把茶席的各要素以平面的形式作以展示,以帮助观众加深印象。

五、解说词或冲泡过程

有一些表演型的茶席设计需要茶师在茶艺呈现的同时进行解说或是对话,便需要把解说词一并撰写出来。

六、茶席文案案例分享

案例一:

茶席作品《茶之心》,设计者:钟斐,设计时间:2020 年 10 月。

(一)主题:茶之心

(二)灵感来源:

拿起——放下,泡茶的动作如此平常,又如此非凡。莫小视这似动似静的微不足道,一起一落间历尽千年沧桑,洗去的是浮华,沉淀的是岁月。于波澜不惊中感悟生命,以茶之初心沏泡一盏香茗。习茶 18 载,每每都会心生感慨:习茶,何不是在这一起一落间习得做人的真谛,去繁从简,探求礼规,寻求最初的茶之心。

(三)主题阐述:

中国茶的氤氲乘风破浪,来到了世界各地,并结合了各个国家、各个地区独有的国情及生活习俗,成为全世界人民喜爱的饮品。起源于中国的日本茶道并不是要强调那一招一式的动作,其核心内容其实是它所表达的仪式或形式,在和敬清寂中强调心灵空间美学和环境空间美学,茶之美,在于简朴,在于素雅,在于精致,在于用心。唯有摒弃一切多余的动作,保持内心的沉静和谦卑,在这举手投足间才能够呈现出令人愉悦、发人深思的仪式美。悟茶即是悟道,在这一起一落间实现自己人生的修行。以日本里千家抹茶道——薄茶盆略点前,找寻茶之初心,从简单到复杂,感受茶与人间的一期一会。

（四）茶席设计各要素：

1. 茶品：日本宇治五十铃抹茶。抹茶的"抹"和"末"相通，是上等茶粉的意思，其说法在我国南宋时期的径山通行。日本多名僧人曾于宋时修行于径山，因此日本茶道至今仍称茶粉为"抹茶"。

2. 茶具组合：日本抹茶道器具，分别为：茶盏一只、茶筅一把、茶勺一把、茶绢一块、帛纱一块、茶盘一个、铁壶一把、枣一个、建水一个、食碟漆盘一个、筷箸一副、怀纸一张、花器一个。每位客人品饮用的茶碗各不相同，茶会中每个茶碗都有不同的来历，每一件器物都有不同的故事，会非常认真地对待每一件器物。

3. 铺垫：米色铺垫。日本茶道大多在放有榻榻米的茶室中进行，由于本次茶席呈现为临时场地，因此通过简约干净的米色铺垫，辅以蒲团，以达与客人在一席中体悟"和静清寂"。

4. 背景：以日式原木拉门为背景。

5. 服装：日本和服。和服是日本具有象征意义的文化符号，深受日本女性的爱戴，具有强烈的文化认同，也是日本茶道的传统服饰。

6. 音乐：大自然的声音。在日本茶道中是没有音乐的。在我的茶艺呈现中，我使用大自然的声音来表达我学茶之心的静谧与平和。

7. 茶食：日本茶果子。山野客（桂花龙井）、柿子（茉莉青提）、山吹（蜜桃乌龙），一款一形一名的和果子，配以香茗，清与甜互相中和，既美味又养生。

8. 茶席设计图（图7-2、图7-3）：

图7-2 茶之心（设计者：钟斐）

图 7-3　茶之心（设计者：钟斐）

9. 解说词：

日本茶道起源于中国，这一片叶子漂洋过海，来到了日本。我们坐着时光穿梭机，看到了千年以前人民的饮茶方式。富有东方文化之韵味的日本茶道，在千年的传承中结合了日本的国情和习俗，形成了自己独有的内蕴。摒弃一切多余的动作，保持内心的沉静和谦卑，在举手投足间呈现出令人愉悦、发人深思的仪式美。悟茶即是悟道，在一起一落间实现自己人生的修行。

案例二：

茶席作品《月下独茗》，设计者：崔伟燕，设计时间：2017 年 8 月。

（一）主题：月下独茗

（二）灵感来源：

世人称誉李白为"诗仙"，读李白的诗，使人壮思云飞，逸兴满怀，给人积极向上的精神力量。他的诗歌富有积极浪漫主义的色彩，如他的《月下独酌》："花间一壶酒，独酌无相亲。举杯邀明月，对影成三人。月既不解饮，影徒随我身。暂伴月将影，行乐须及春。我歌月徘徊，我歌月徘徊，我舞影零乱。醒时同交欢，醉后各分散。永结无情游，相期邈云汉。"这首诗以奇特丰富的想象，描写了诗人在花间月下独酌的情景，用拟人化的浪漫主义手法，即景生情，神游象外。和诗人结下不解之缘

的挚友是明月,此外便是自己的身影,世上仿佛只有它们才能和自己一样忘怀得失,与世无争,把诗人独酌时因世无知音而深感孤独苦闷的心境,和他以高洁自视的情怀烘托得淋漓尽致。由于工作的原因,我经常独自去出差,茶就成了最好的相伴,去年冬天我出差去了古城西安,入住的酒店打开窗帘看到的就是古城的钟楼,冬夜凉如水,一轮皎月照在古城墙上,李白的这首《月下独酌》跃然纸上,我不由得脱口而出:"花间一壶茶,独茗无相亲,一路西行抵长安,不见唐韵之遗风,沏茶邀明月,对影成三人,一任逝者如斯夫,独茗陶陶乐尽之……"

(三)茶席设计各要素:

1.茶品:马头岩肉桂。这是我习茶所接触到的第一款茶,一饮之后就欲罢不能。在南朝·齐时期(479年—502年),武夷岩茶便以"晚甘侯"之称为社会上层所赏识而初具名度。唐时的武夷岩茶称"研膏""腊面",属蒸青绿茶,制法采用研细,作成饼状,烘干贮存。加工精致,价同黄金。唐光启年间(885年—887年),徐夤《谢尚书惠蜡面茶》有诗载:"武夷春暖月初圆,采摘新芽献地仙。飞鹊印成香腊片,啼猿流走木兰船。金槽和碾沉香末,冰碗轻函翠缕烟。分赠恩深知最异,晚铛宜煮北山泉"。此时,武夷岩茶已成为最异的"分赠恩深"之珍品。生长于武夷山风景区马头岩范围内的肉桂茶,被武夷山当地茶人称之为马头岩肉桂,是一款以茶叶种植产地命名的肉桂茶。马头岩肉桂的品质优异、口感独特、冲泡之时桂皮香气明显,并且带有浓郁的花果香气,干茶、水香均有淡淡的乳香气息,汤滑水厚,香甜均能过喉,做杯久泡,不苦不涩。马头岩肉桂气足水厚,芳香辛烈馥郁,花香果香俱足,杯底果香、花香浓郁持久,霸气高香。据资深制茶师傅介绍,因马头岩地区地域开阔,光照充足,小溪、树木较少等环境因素,造就了马头岩肉桂香气高且明显,有荡气回肠的香气,芬芳醇和的果香、花香,持久地隐现于尾水中。

2.茶具组合:茶席采用多元结构式安排,大道至简,简约不简单。梅子青仿古壶和白瓷如玉的茶盘,一对温润如玉的玉质青瓷杯,简约以朴,朴中见雅,富有设计感的白瓷盘作为主操作台。因岩茶需要高温冲泡,故选铁壶,可延长沸腾后水的保温时间,利于岩茶的岩韵出味,更可提升口感,保存茶香。

3.铺垫:叠铺。以烟灰色的棉麻布为底铺,以示屹立古城千年的城墙,紫色茶旗叠铺在上,无意中展现了主人浪漫的情怀,打造视觉冲击,营造出将思虑化作饮茗之乐的静谧之美,舒适于身,淡然于心。

4. 背景：以传统博古架为背景。

5. 服装：上身为交领紫色棉麻茶服，下身为白色阔腿裤，配以米白色绣花鞋。

6. 音乐：《溪行桃花源》，仿佛置身世外桃源，任凭沧海桑田，我自安然。

7. 插花：盏贵青黑，一个小小宋代青瓷琴炉代表了一个时代工艺的纯青造诣，折一枝薄荷入炉，淡淡薄荷沁入脾，神清气爽悠悠然！

8. 茶席设计图（图7-4、图7-5）：

图7-4　月下独茗（设计者：崔伟燕）

图7-5　月下独茗（设计者：崔伟燕）

9. 冲泡步骤：

煮水候汤—温壶润杯—投茶冲泡—出汤—分茶—奉茶—收场—奉茶语。冲泡约 8 克马头岩肉桂,冲泡过程中需要注意,前两泡在注水时建议使用高冲的手法,能更好激发茶叶的香气,后续几泡茶汤建议使用低斟的手法注水,使茶汤更为柔和。前四泡不需要闷泡,可立即出汤,五泡之后可以稍加闷泡。

案例三：

茶席作品《天台云雾》,设计者：戴少华,设计时间：2018 年 8 月。

（一）主题：天台云雾

（二）灵感来源：

饺饼筒,糊啦汰,一杯云雾开荡街。糊辣沸,吃阿快,吃好去相孙行者(天台方言)。一直以来,我最喜欢喝天台的云雾茶,那口感清清爽爽,喝过一口后就再也没有忘记过,这是家乡的味道。于山水之上,云雾之间,满山的嫩绿弥漫出勃勃生机,这是春的号角,也是大山对游子的呼唤。明前云雾,一滴入魂,作为《徐霞客游记》的开篇地,"山水神秀、佛宗道源",古今无数文人骚客为之倾倒。焚一炉心香,啜一口清茶,千般思念,万般美景,承以平常之心,跃然案上。

（三）茶席设计各要素：

1. 茶品：天台山云雾茶(大志茶业产)。天台山云雾茶是"江南茶祖、韩日茶源",其外形细紧圆直、白毫显露、色泽翠绿、香法治醇郁,被誉为《中国名茶》第六种。《茶经》中称"生赤城者与歙同";《茶疏》以为茶质可与武夷名茶"相伯仲"。本茶席展示所用之茶品为天台山脉东麓永溪乡大志岗产明前云雾茶,该款茶品曾斩获第十届国际名茶评比金奖。

2. 茶具组合：以老铁壶为主泡器,深色铁壶彰显天台群山之重,岁月之长。配三只玻璃杯,内外通透,观茶入微,便于观察茶叶在水中舒展、浮动、绽放的过程。用取材自天台北山的老竹制成的赏茶盒配以一枝带松枝的果球,再用来自天台山茶园周围竹海所制的茶盘,整个茶席诠释了"天人合一"的意蕴,刻画了人与自然和谐共融的美好意境。

3. 铺垫：地铺,以水蓝色亚麻布为底铺,右侧斜置"群鱼戏水"茶旗,象征泳溪溪水,一路清流。茶台为自制微景观立体茶台,以仿真 3D 高山茶园呈现,以高密泡沫做底,凿以沟堑,植绒密苔藓,作为高山生态茶园景观,同时在底部四周铺上深色鹅卵石,注入干冰,进一步营造云海缭绕的仙山妙境,与主题相呼应。

4.背景：以绿色大自然为背景。

5.服装：上身为浅灰中式立领中袖 T 恤,下身绯红色棉麻裤,配以禅修鞋,皆为亚麻材质,更亲近大自然。裤子的绯红与茶案撞色,既体现出我作为一名茶艺师的自信与活力,又寓意拳拳丹心化碧血吾愿以赤子之心承茶心、知茶义、传茶道。以星月菩提珠串作为配饰,54 颗串珠数暗合菩萨修行中所需感悟的 54 处阶位,即"十信""十住""十行""十地""十回向"和"四善根",在佛宗道源之地佩戴以添悟性。

6.音乐:《云水禅心》,水起云涌,伴一缕乡思涌入心中,心路漫漫天涯远,香至人可期。云水潺潺应台近,景行人影晰。

7.茶席设计图(图 7-6、图 7-7):

图 7-6　天台云雾(设计者:戴少华)

8.解说词:

天地人 3 杯香茗直接置于此山间,令人与自然展开沉浸式互动,上承九天仙气,下接名川地气,同时两者造就出天台人杰之灵气,三气合一,游子常啜饮藏于胸间,一解乡思的同时定能茗(名)香(镶)宇内!

案例四:

茶席作品《阿楚姑娘》,设计者:戴彬凤、陈涵丰,设计时间:2017 年 8 月。

图 7-7　天台云雾（设计者：戴少华）

（一）主题：阿楚姑娘

（二）灵感来源：

"在距离城市很远的地方,在我那沃野炊烟的故乡有一个叫烽火台的村庄,我曾和一个叫阿楚的姑娘彼此相依一起看月亮,嗅着那桂花淡淡的香,那夜的月光仍在天空发亮,今夜它却格外让人心伤。乡村的风里弥漫你的香,风吻过的口红欲盖弥彰。时间的泪眼撕去我伪装,你可记得我年少的模样。今夜你会不会在远方,燃篝火为我守望"——《阿楚姑娘》。

每个人都曾经有个"阿楚姑娘",她温柔、善良、楚楚动人,她的一颦一笑似乎都有着魔力,让人深深眷念,无法忘怀。年少的模样已经在记忆里变得模糊,今后人世间拥挤,跨不进人的心墙,守不住年少心房,回忆无痕谁还会常常追忆。茶席设计中白纱巾犹如一弯河水,横亘在两人之间——有位伊人在水一方。男生和女生茶席近若比邻却又遥望不见,茶席的一角摆放着单只品茗杯,寄语伊人已不在,杯影承思愁。伴随着袅袅升起的茶气将茶人拉入对过往、对家乡、对青春、对伊人的缓缓思绪当中,仿佛有人在呢喃:"我知道我和那个人看过月光,诉过衷肠。"

（三）茶席设计各要素：

1.茶品：本茶席为两席茶席在一起的组合茶席,分为男士茶席和女士茶席。男士茶席选用玉环火山红茶,女士茶席选用金骏眉,红茶富有花香果香,甘之如饴,细闻幽香犹如感情悠扬,汤色红艳犹似思念浓烈。

2. 茶具组合:器具选择崇尚自然简单,男士使用粗陶柱形盖碗、公道杯、茶海,圆形品茗杯;女士使用青瓷圆形盖碗、品茗杯及叶形公道杯和茶荷。在不同的时间、不同的地点,彼此的时间,相互思念,相互交融。

3. 铺垫:采用叠铺式,红色象征女士对情感的忠贞挚烈,沉浸在对两人世界的幸福畅想;白色寓意男士对感情的纯真美好向往。一席白纱象征江水澄澈千里,在平淡中执着地奔流,有位伊人,在水一方。以小小香囊为挂饰,这定情之物,日日思君不见君,手执以相待。

4. 背景:以藤制屏风为背景。

5. 服装:女士身穿素色短袖旗袍,配以米白色绣花鞋。男士上身为白色亚麻对襟布衣,下身为藏蓝色棉麻小脚裤,配以黑色布鞋。

6. 音乐:袁娅维版《阿楚姑娘》。

7. 茶席设计图(图 7-8 ~ 图 7-10):

图 7-8 阿楚姑娘——女士茶席(设计者:戴彬凤、陈涵丰)

图 7-9　阿楚姑娘——男士茶席（设计者：戴彬凤、陈涵丰）

图 7-10　阿楚姑娘（设计者：戴彬凤、陈涵丰）

8.解说词:

(男士)我叫涵。在我的家乡有一位叫阿楚的姑娘,我们青梅竹马,两小无猜。她做了两个香囊,将其中一个赠予我,自此我们便日日佩戴。那年我去城里上学,离开之日阿楚与我互换了香囊。"你一定要回来找我",她说,我抱着她,说了最后一次再见。这是十年前的事了,此时此刻我又想她了。我和阿楚一起撑伞走过村子里所有的石板路,南方天气多雨,我常常忘记带伞,她举着小小的手给我撑伞,我却还是要湿透半个肩膀,怕她因为我淋雨而着凉。

(女士)我们一起在屋顶看过月亮,我依偎在他的肩膀数星星,月光下他的眼睛有一种深蓝色的光芒,从此,我便再也看不见这满天繁星,唯有他眼中的璀璨。

(男士)以前阿楚和我说,她妈妈在去世前说过,想一个人的时候就生一团篝火,对着火说出自己的愿望,那个想念的人就会很快来到自己身边。阿楚啊,这么多年来,你可有为我生过一次火呢。我在城市里过得挺好的,再过几年就读完大学了,然后我就可以像小时候说的那样,挣好多好多钱,买好多好东西,娶一个漂亮姑娘。可我当时不知道,那个我喜欢的姑娘,就是你呀。只是有的人,错过了就是一辈子的陌路。

(女士)涵,你还记得小时候和你一起打闹,看月亮,数星星的女孩吗?

(男士)阿楚,你还记得那个下雨天与你共同撑伞走过村子里的石板路,却不愿你淋湿的男孩吗?

(男士、女士)我想你。

案例五:

茶席作品《枯木逢春》,设计者:叶启洋,设计时间:2017 年 8 月。

(一)主题:枯木逢春

(二)灵感来源:

上周末从普陀山回来,因为堵车坐了几乎六个小时的车,一路风尘,深感疲惫,回到家中便迫不及待地泡了一壶普洱生茶,一杯下去,顿感神清气爽,有种满血复活的感觉。蓦然抬头,刚好看到阳台上的一段枯木,于是想到了枯木逢春这个主题。佛家禅宗有一个关于枯木逢春的典故。在《五灯会元·卷十四含珠哲禅师法嗣》中,僧问:"枯树逢春时如何?"师曰:"世间稀有。"意思是说,有人问"枯木逢春"是悟道的内容吗? 大乘山的和尚说,是的。真如佛性道理不是世俗之理,是出世间之理,就像枯木逢春那样为世间稀有。如果将枯木比喻为佛性的话,那么逢春则是随上了机缘,开花则为妙用,如佛性随缘而生妙用之理。

"枯木逢春"四个字首先能让人想到的是明末清初一位杰出的学者、思想家吕留良的一首诗:"清风虽细难吹我,明月何尝不照人。寒冰不能断流水,枯木也会再逢春。"唐代刘禹锡也写过"沉舟侧畔千帆过,病树前头万木春"。纪录片《茶·一片树叶的故事》的开头中所说,"一片树叶,落入水中,改变了水的味道,从此有了茶。茶,经过了水与火,生与死的历练,与我们相遇。"从一片干茶到一杯沁人心脾的茶汤,整个过程亦如枯木逢春的过程。墨,遇水而成万千情状,茶,遇水而成千百滋味。茶叶能够让人精神为之一振,不单单体现在它的提神醒脑的物理功能上,更多的则体现在茶道上追求的廉、美、和、敬等思想和文化带给人精神层面的享受中。

(三)茶席设计各要素:

1.茶品:云南易武普洱生茶。在云南布朗族、哈尼族等少数民族都有一个关于诸葛亮和茶叶的传说,相传诸葛亮带兵南征云南的时候,将士们因为瘴气而得病,诸葛亮将自己的手杖在地上一插,干枯的手杖长出很多叶子,这便是茶叶,诸葛亮将这些茶叶泡了给将士们喝,茶到病除,将士们一个个生龙活虎,最终取得了南征的胜利。这款普洱生茶是古树春茶,干茶紧实厚重,叶绿毫显,花果香、蜜香明显,甘甜糯滑,一杯茶汤能够让你喝出春天的味道。

2.茶具组合:以玉井生香款紫砂壶作为主泡器,壶身刻有一个人拿着鱼竿,立足于一棵已经落叶的大树底下,营造出一种空寂的感觉。配以小烘炉和陶壶玉书煨,三只陶制品茗杯,同色系水盂和陶制茶叶罐,搭配银质茶则和茶匙,以营造古朴的感觉。壶承为木制茶盘,同时还兼有奉茶之作用。

3.铺垫:以暗红色的底铺象征着内心丰足、平和的茶道精神,同时强烈的视觉刺激中和了茶旗上暗色系的器具,调节了整个茶席的视觉感官。上面叠铺一条名为"渡江"的淡米色茶旗,茶旗上的图案右侧为一只孤帆和一朵盛开的花,中间大片的留白,象征着一条大雪覆盖的江流,茶旗图案和紫砂壶上的图案构成一幅老翁冬日独钓的景象,就像柳宗元所写的《江雪》:"千山鸟飞绝,万径人踪灭。孤舟蓑笠翁,独钓寒江雪",突显了茶道中的空寂的精神世界。枯木上带有一些绿色的青苔,完美契合"枯木逢春"的主题。

4. 背景：以大自然为背景。

5. 服装：灰色对襟棉麻服，黑色亚麻小脚裤，配以黑色布鞋。

6. 音乐：埙曲《寒江残雪》和箫曲《梅花三弄》的配合，两段音乐象征着茶道清寂、平和这两种精神世界，两种音乐风格的转变也契合了"枯木逢春"的主题，给人以无限的希望和憧憬。

7. 茶席设计图（图7-11～图7-13）：

图7-11　枯木逢春（设计者：叶启洋）

图7-12　枯木逢春（设计者：叶启洋）

图7-13　枯木逢春（设计者：叶启洋）

8.解说词：

各位老师大家好，我叫叶启洋，我今天向大家展示的茶席主题叫"枯木逢春"。光阴沾满了阳光，加一点枯木逢春，寓意着岁月不老，平常心对待，等待那尘埃落定，等待春天入画，亦是在等待记忆中的刹那芳华。这一念枯木逢春，坦然自若，遥望着梦想中的不老年华。茶席的色调以暗色系为主，刻画出廉、美、和、敬的茶道精神，同时以暗红的底铺象征着平和、丰足的茶道精神。茶席以枯木上的绿色作为点缀，切入枯木逢春的主题。茶品采用易武地区云南普洱茶古树春茶，一杯茶可以让你感受到春天的气息，自醉自乐，留一点空隙，只待春风相邀十里桃花。

参考文献

[1] 唐.陆羽.《茶经》.

[2] 范增平.中华茶艺学[M].台湾：台海出版社，2000.

[3] 陈香白.论中国茶道的义理与核心[J].韩山师范学院学报，1992（4）：17-21.

[4] 陈文华.论当前茶艺表演中的一些问题[J].农业考古，2001（02）：10-25.

[5] 林治.中国茶艺[M].北京：中国工商联合出版社，1999.

[6] 蔡荣章.现代茶道思想[M].北京：中华书局，2015.

[7] 丁以寿.中华茶艺概念诠释[J].农业考古，2002（02）：139-144.

[8] 唐.皎然.《饮茶歌·诮崔石使君》.

[9] 唐.封演.《封氏闻见记》.

[10] 吴觉农.茶经述评[M].北京：中国农业出版社，2005.

[11] 庄晚芳.中国茶史散论[M].北京：科学出版社，1988.

[12] 陈香白，陈再."茶道"论释[J].农业考古，2001.

[13] 周文棠.茶道（说茶丛书）[M].杭州：浙江大学出版社，2003.

[14] 罗庆江."中国茶道"浅谈[J].农业考古，2001（04）：339-341.

[15] 丁以寿.中华茶艺概念诠释[J].农业考古，2002（02）：139-144.

[16] 蔡荣章.茶道艺术对形式与内容的三大要求[J].茶道，2019（09）：1.

[17] 明.许次纾.《茶疏》.

[18] 清.张大复.《梅花草堂笔谈》.

[19] 宋．唐庚．《斗茶记》.

[20] 南宋．胡仔．《苕溪渔隐丛话》.

[21] 明．顾元庆．《茶谱》.

[22] 明．田艺蘅．《煮泉小品》.

[23] 明．熊明遇．《罗岕茶疏》.

[24] 宋．赵佶．《大观茶论》.

[25] 清．梁章钜．《归田锁记》.

[26] 汉．《神农本草经》.

[27] 南北朝．陶景弘．《杂录》.

[28] 唐．《物帐碑》.

[29] 乔木森．用茶席设计和谐的生活 [J]. 农业考古, 2006（2）: 105-108.

[30] 周新华．茶席设计 [M]. 杭州：浙江大学出版社, 2014.

后 记

撰写本书时,我正处在读博这个艰苦而漫长的人生重要阶段。随之而来的是在高压的焦虑下,头发大把大把地脱落。写书,竟然成了我艰辛岁月中的丝丝清凉和慰藉。遂感慨,我失去的是头发的束缚,而我得到的是仰望星空的自由。

十几年前,因为个人兴趣开始学茶,后来极其幸运地遇到了张莉颖老师,手把手地教我沏泡技巧,点点滴滴间教我做人做事。随后几年,跟随张老师多次前往日本、韩国学茶,在交流中感悟,在反思中提升。茶虽一叶,何其百味。泡茶,需要极细腻周到之心,一气呵成之形,气定神闲之境,心神俱在的熟练操作,可以让人感受到茶之曼妙,生活之精致。茶在手中是风景,在口中是人生。

茶艺,是日常生活中的艺术,是生活起居中的礼节,是待人接物的规范。茶艺所关注的,是在一杯一盏中的心灵交流,那种温暖的、细腻的、祥和的氛围和情感,不拘于一招一式,但却也在这高斟低酌中直击人心。从事茶文化研究和教育事业是极有意义的。每每站在讲台,知无不言,言无不尽,在教中学,在学中教,也不断地思考中华茶艺的核心与精髓。品茶之回味悠长,人生之海阔天空。

匆忙中完成此书,尚显粗糙与稚嫩,但好在也是一种探路,一段反思。希望在未来的日子里会对茶艺有更为科学而系统的解答,有待于今后的进一步努力和实践。

是为记。

钟斐
于临安家中
2020 年 7 月 10 日